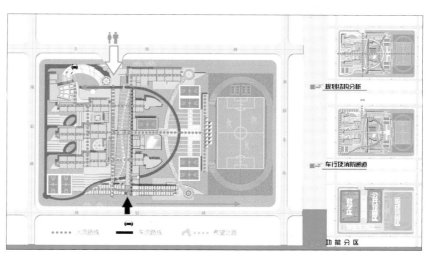

● 场地动线、结构、功能分析

彩图 1

● 石家庄市 47 中学规划图

彩图 2

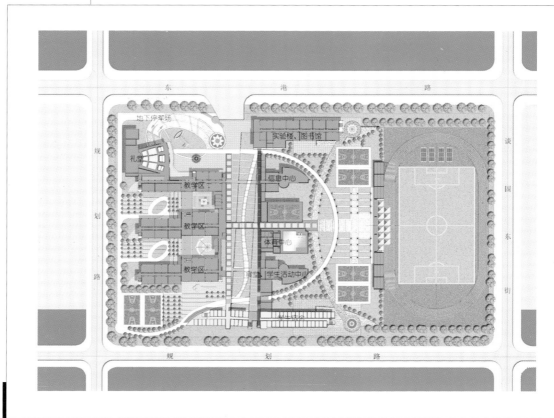

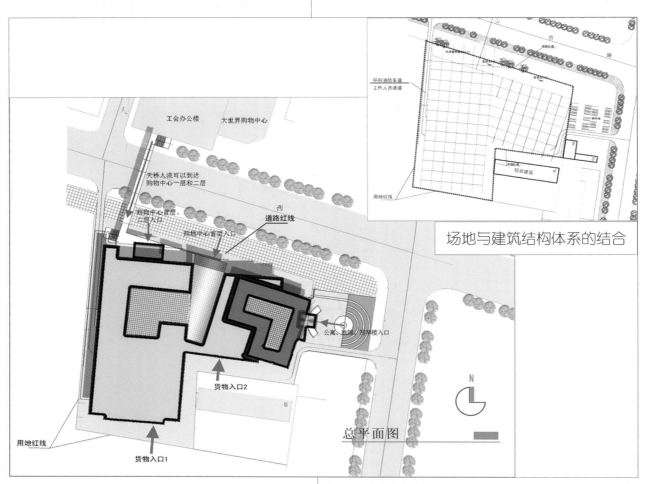

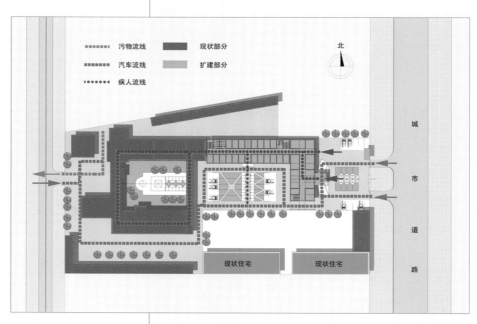

● 定州市商业中心规划图

彩图3

彩图4

● 丰宁中医院场地动线、结构、功能分析

场地标识系统规划设计   彩图 5

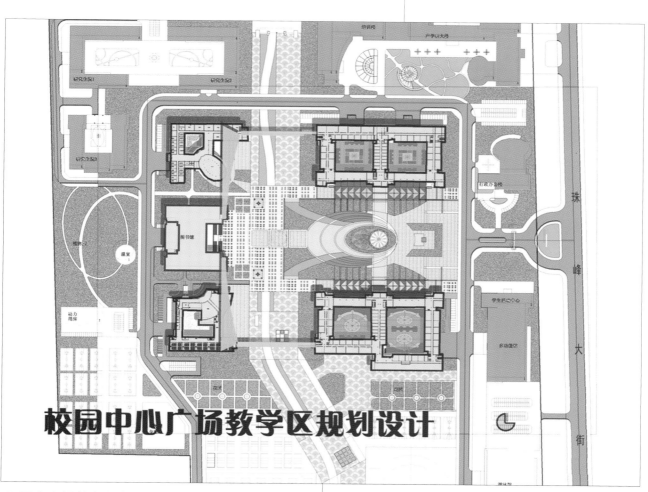

石家庄师范专科学校规划图   彩图 6

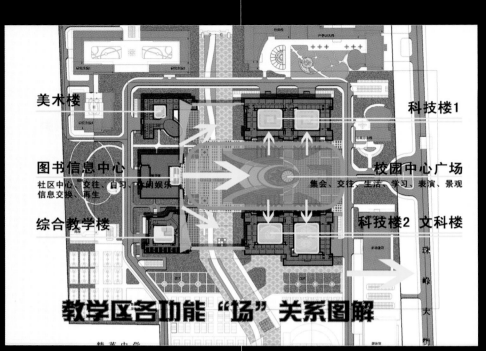

美术楼

图书信息中心
社区中心、交往、自习、休闲娱乐、
信息交换、再生

综合教学楼

科技楼1

校园中心广场
集会、交往、生活、学习、表演、景观

科技楼2 文科楼

教学区各功能"场"关系图解

● 场地秩序与关系分析　　　　　　　　　　　　　　　　　　　　　　彩图7

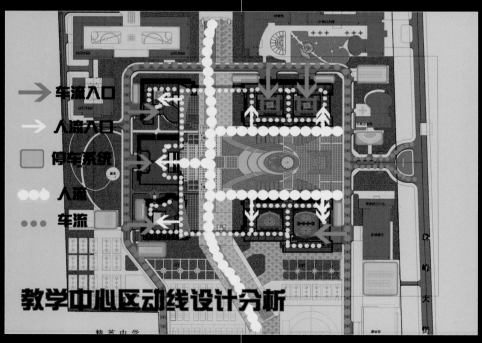

车流入口

人流入口

停车系统

人流

车流

教学中心区动线设计分析

● 场地动线分析　　　　　　　　　　　　　　　　　　　　　　彩图8

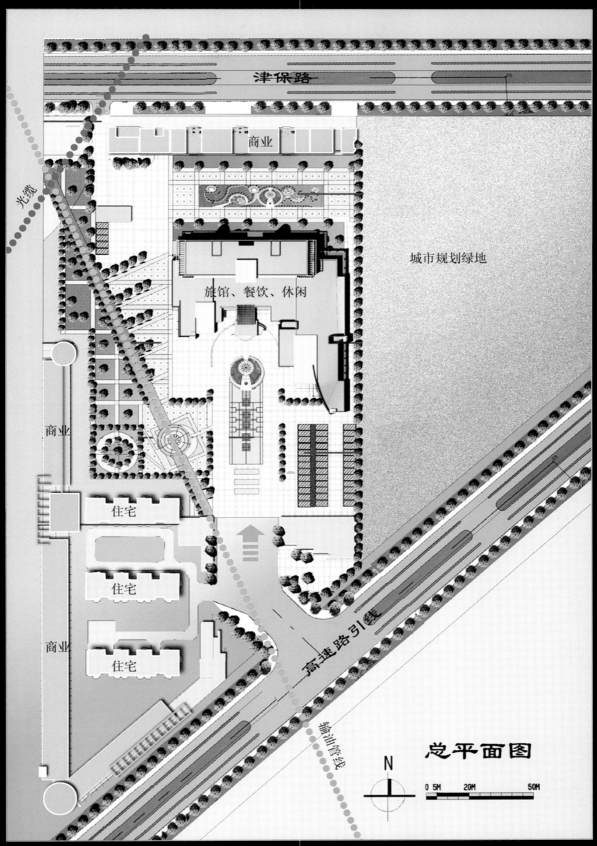

津保路

光缆

商业

城市规划绿地

旅馆、餐饮、休闲

商业

住宅

住宅

商业

住宅

高速路引线

输油管线

总平面图

N

0 5M   20M   50M

● 场地限制条件分析与场地规划设计

5

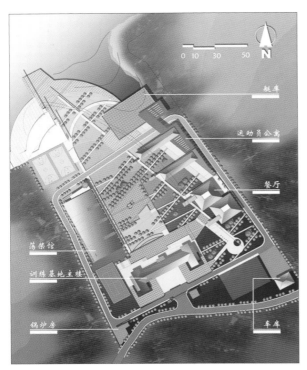

艇库
运动员公寓
餐厅
荡桨馆
训练基地主楼
锅炉房
车库

● 河北省水上项目训练中心场地
  规划设计

彩图 10

A点实况
B点实况
C点实况
D点实况

河北省体育局水上项目
训练基地实测地形图

● 河北省水上项目训练中心
  场地现状

彩图 11

● 河北省水上项目训练中心场地规划设计鸟瞰图

彩图 12

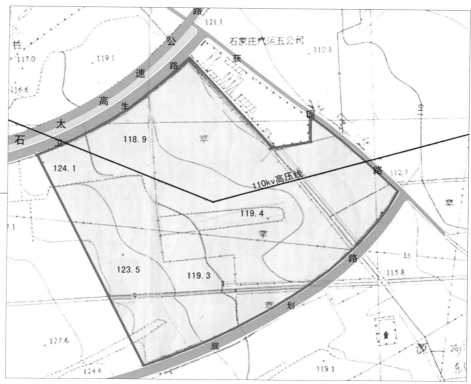

● 石家庄卫生学校场地现状

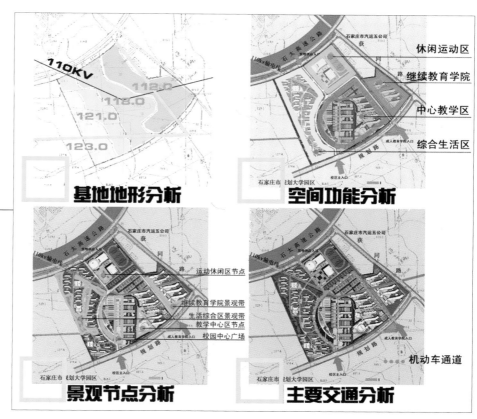

● 石家庄卫生学校场地因素分析

石家庄卫生学校新校区
规划

石家庄市汽运五公司

自然 Nature
生态 Ecology
纯净 Pure
理性 Reason
科技 Technology
文化 Culture
职责 Obligation
感情 Emotion
健康 Health

北

规划大学园区

规划大学园区

规划建筑一览表
1. 教学主楼
2. 图书馆
3. 现代信息中心
4. 实验楼
5. 礼堂
6. 行政楼
7. 办公楼
8. 体育馆
9. 学生活动中心
10. 食堂
11. 后勤服务中心
12. 浴室
13. 学生公寓
14. 单身公寓
15. 动力用房
16. 垃圾转运站
17. 门卫、传达

主要经济技术指标:
1. 规划总用地面积: 332241平方米
2. 总建筑面积: 155150平方米
   地上建筑面积: 150620平方米
   地下建筑面积: 4530平方米
3. 绿地率: 49%
4. 容积率: 45%

● 石家庄卫生学校场地规划设计图　　　　　　　　　　　　彩图 15

彩图 16

● 建筑化的种植容器

● 不同材料暗示道路的不同功能　　　　　　　　　　　彩图 17

● 树穴、几何状的绿化、铺地　　　　　　　　　　　　彩图 18

● 场地中坡道、台阶的有机结合　　　　　　　　　　　彩图 19

● 树穴、座椅与铺装完美统一　彩图 20

● 自然朴实的商业步行街　彩图 21

● 场地中结合建筑的高差处理　彩图 22

● 叠水、绿化与场地的完美结合　彩图 23

个性、特色化的种植容器　　　彩图 26

场地中幽默的雕塑　　　彩图 24

极具自然色彩的街头家具　　　彩图 27

室内化的场地家具　　　彩图 25

● 建筑群体空间景观效果　　　彩图 28

12

● 日本亚洲及太平洋贸易中心场地与环境结合完
美，场地设计严谨富有秩序性，地面铺设、绿
地、树木栽植容器、台阶等和谐美观　　彩图 29

彩图 30

● 日本亚洲及太平洋贸易中心场
地灯光配置充分反映海滨的特
点，具有很好的造型效果

彩图 31

● 日本某文化资料馆场地设计中
充分考虑城市轴及风向轴，强
调几何性

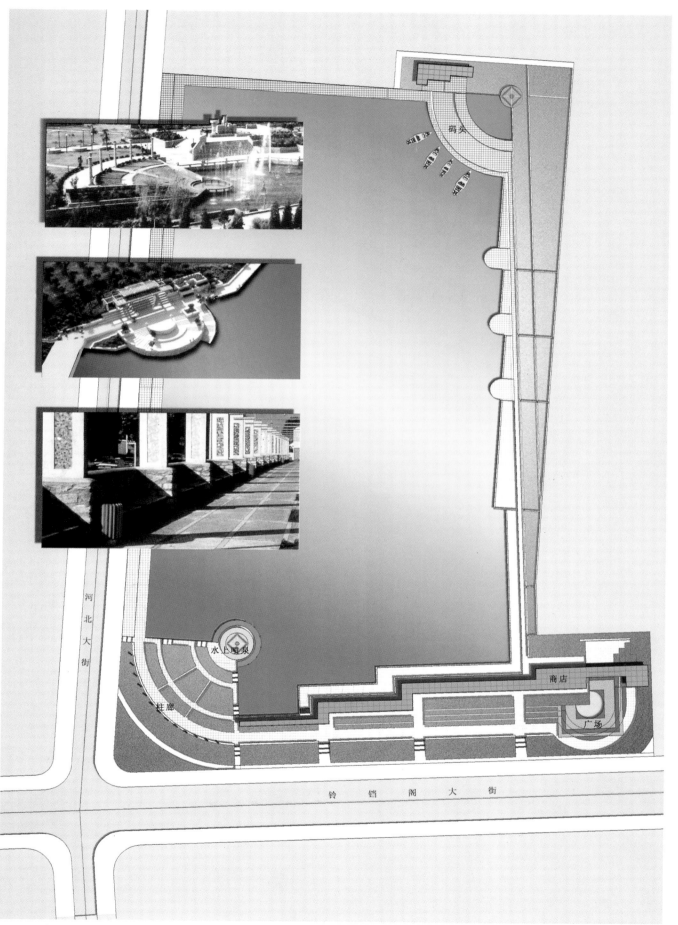

河北大街

码头

水上喷泉

柱廊

商店

广场

铃铛阁大街

13

● 雄县温泉湖公园规划设计

彩图 32

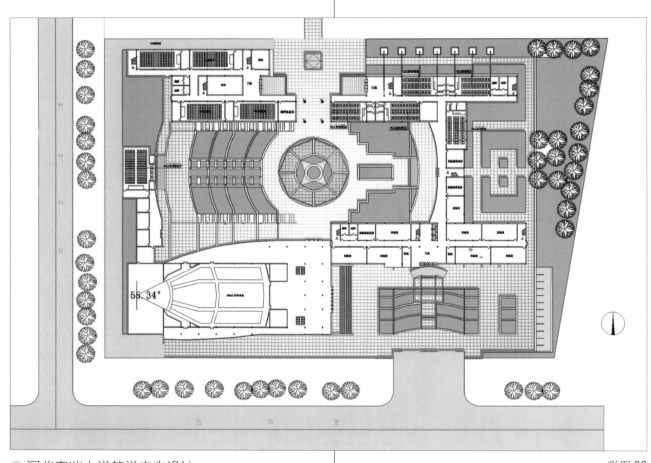

● 河北农业大学教学中心设计

彩图 33

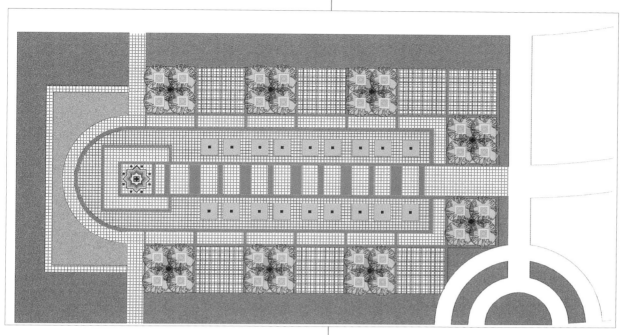

彩图 34

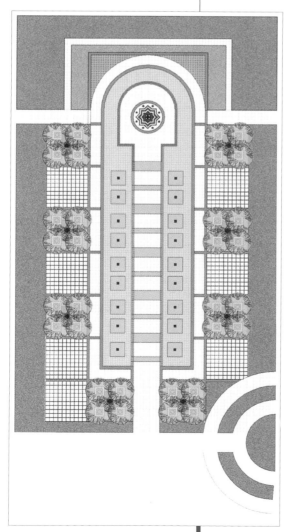

● 高碑店市文化中心广场
的场地细部设计

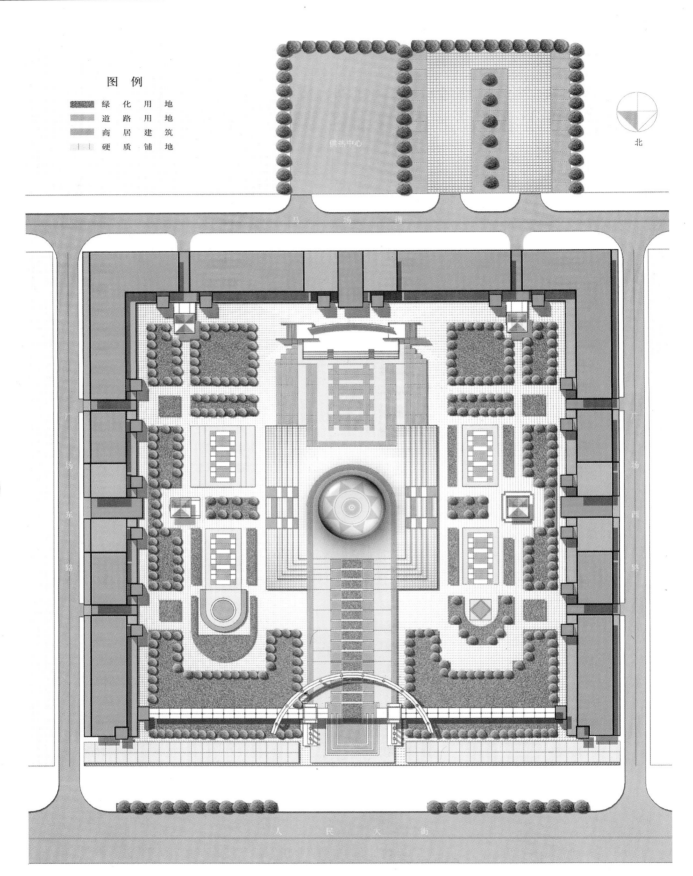

●雄县文化中心广场设计

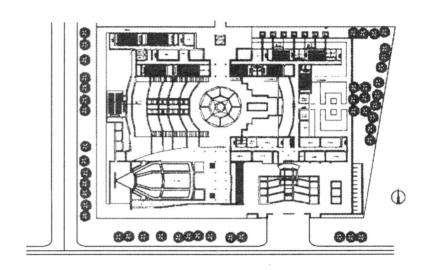

场 地 设 计

（修订版）

刘磊　编著

中国建材工业出版社

图书在版编目（CIP）数据

场地设计/刘磊编著. —2 版. —北京：中国建材工业出
版社，2007. 5（2016. 2 重印）
ISBN 978-7-80227-224-8

Ⅰ. 场… Ⅱ. 刘… Ⅲ. 场地设计 Ⅳ. TU

中国版本图书馆 CIP 数据核字（2007）第 056371 号

内 容 提 要

场地设计是建筑设计乃至城市规划的重要环节，本书对场地及场地设计的概念进行了解
释，对与场地设计相关的内容进行了分析，对场地设计的基本理论知识、场地分析、设计要
素构成、设计步骤、设计要点进行了综述，并对典型场地设计进行了要点总结，最后还附有
设计实例分析。

本书可作为高等学校在校学生的建筑设计教材或教学参考书及相关学科的培训教材；亦
可作为注册建筑师的参考资料；对建筑师、规划师、景观设计师、环境艺术设计师、工程技
术人员及城市建设管理人员也具有较高参考价值。

场地设计（修订版）
刘 磊 编著

出版发行：中国建材工业出版社
地　　址：北京市海淀区三里河路 1 号
邮　　编：100044
经　　销：全国各地新华书店
印　　刷：北京雁林吉兆印刷有限公司
开　　本：850mm×1168mm　1/16
印　　张：13.75　插页：8
字　　数：310 千字
版　　次：2007 年 5 月第 2 版
印　　次：2016 年 2 月第 7 次
书　　号：ISBN 978-7-80227-224-8
定　　价：**48. 00 元**
_____

本社网址：www. jccbs. com. cn
本书如出现印装质量问题，由我社发行部负责调换。联系电话：(010) 88386906

序

城镇建设的日新月异，使人们生活在一个物质技术日益发展与生态环境错综复杂的矛盾中。人们在获得效益的同时，也遭受着盲目建设对环境的困扰与危害，被称为破坏性建设的憾事屡见不鲜。我认为其根源在有人漠视环境而过分地对建筑情有独钟、寄予厚望。所谓"二十年不落后"的提法虽不是妄言，但对标志性建筑的追求似又悄然兴起，"重建筑、淡环境"的反差造成了建筑与环境的沟通、建筑与人的对话失去了其"近环境"的过渡与引见，使建筑角色因缺少相应舞台场景氛围的衬托而做出种种不和谐的表演。由于淡薄环境而出现的场地环境的盲目与苍白，使每个舞台场景氛围（场地环境）的编排与衔接不仅失去了自身的个性，也脱离了城镇主题框架而变得支离破碎，无法表达本应连贯而又起伏跌宕的剧情（城镇传统文化的继承与革新），由此而引发出零乱无序，其后果是不言而喻的。

场地环境是城镇大环境的有机组成部分，像生命机体中的一个个鲜活的细胞，既依存于机体有着机体的共性，又具有相对的个性，正因如此，便形成了场地建筑的母体孕育着场地环境的生命这样一种密切联系。

场地环境又是建筑空间的外延，如同人体不可或缺的衣饰，不仅维护着躯体，也烘托着主体的品位与性格，表达着和谐与差异，显现出社会整体的完美、旺盛的生机。将人、团体、社会与建筑、场地、城镇相对照，似乎都有某些潜在的相通之处，由此可见，场地设计的意义与价值，对场地设计的关注将意味着社会观念的提升，设计观念的突破，设计实践的飞跃。

场地设计是一门综合学科，是城镇规划的内向拓展，又是建筑设计的外向延伸，在其结合面上交织着多学科的和谐与矛盾。

场地设计是一门科学，它包含着深厚的科学理论，需不断地丰富理性知识，捋顺理性思维。

场地设计还是一门特殊的艺术，蕴藏着人的丰富情感和充满着爱的激情，真情实意地去体现"以人为本"的宗旨，是场地设计的最高境界。

本书作者以大量的资料及切身体验，在理性与情感的结合中，全面深入地论述了场地设计的概念、知识、理论与方法，具有较高的可读性与参考价值，本书的出版将为场地设计锦上添花，愿它在社会的支持下，在同仁的共事中和精心地培育下，不断推陈出新、苗壮成长。

王齐凯

2006 年 1 月

再版前言

场地设计在城市规划及建筑设计领域的地位日渐突显，我们也期待通过有效的场地设计工作能够更好地处理城市、场地、建筑的秩序及关系，场地设计的失败要比单体建筑的失败对城市的影响深远，该书在前两次印刷的基础上，吸收了一些新的内容，强化了场地分析、设计及策划的理念。

场地设计是对工程项目所占用地范围内，以城市规划及城市环境为依据，以工程的全部需求为准则，对整个场地空间进行有序与可行的组合，以期获得最佳投资与综合效益，这意味着它是一个整合概念，是将场地中各种设施进行主次分明、去留有度、各得其所的统一筹划。另外，场地范围外与城市环境的关系也是场地设计不可忽视的内容，因为场地的开发建设势必会对区域环境造成或多或少的影响。由此可见，它是建筑设计乃至城市规划不可或缺的环节，是建筑设计理念的拓展与更新。

目前，我国的建筑设计市场还不够规范，表现在机制落后、体制不顺、法制不强、概念混乱。"场地设计"这个专业术语对于一些从事建筑设计的人员来讲既模糊又有魅力。目前场地设计工作经常是处在一种可有可无的状况，经常出现建筑物建成后环境以及相关的配套设施再另行设计的情况，这既不符合建筑设计系统整合的设计观念，又不能很好地满足人的行为和活动需求，甚至会与城市环境及建筑设计风马牛不相及，直接影响城市环境。

随着设计体制的改革，建筑市场的未来将与国际市场接轨，场地设计这一课题越来越显出了积极的现实意义。另外，随着我国经济社会的健康发展，社会对城镇空间品质的要求越来越高，场地设计在城镇建设过程中将发挥愈来愈重要的作用。

本书汲取了国内外相关学科发展的新观念，力求介绍设计方法，同时又有设计要素的相关量化数据，做到理论与实践相结合，提高实用性及可操作性。

　　衷心感谢读者对本书的认可，由于时间仓促，本书一定还存在不少缺点和不足，衷心希望专家、学者以及广大读者给予批评、指正，以便在重印或再版时不断修正和完善。

编　者

2007 年 4 月

目　录

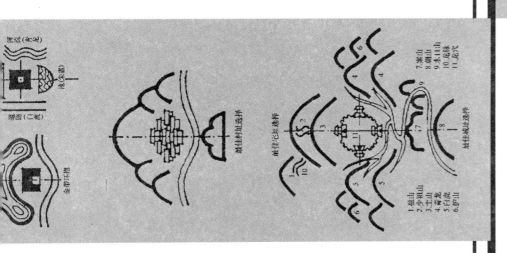

场地设计概述

1　场地设计概述

1.1　场地设计研究的意义

　　人类拥有了地球，且人类只有一个地球。为了保护我们的地球，并让她为人类提供更舒适的生存环境，在强调环境、强调生态、强调可持续发展的今天，我们更应从每个设计师做起，用我们的智慧在这个地球上创造生存的天堂。

　　21世纪人类将进入一个更加快速的发展时期。全球经济一体化的加速，高科技、高新技术迅速发展对社会经济生活产生着更加广泛而深刻的影响；政治格局的多元化，文化发展的多元化和城市化的继续推进，使全球城市人口将超过一半，也使"可持续发展"成为各国发展的战略。发达国家与发展中国家在经济上的差距进一步扩大，发展中国家是否能快速健康地发展，成为全球国际关系中的大事。

　　然而面对现实，太多的东西令我们意乱神迷。我们的城市交通混乱、城镇空间无序挤占，拥挤不堪的城市，给人们的生活带来了诸多的烦恼。

　　在生活空间、城镇、道路等处于杂乱的情况下，我们陶醉于机械的力量、新的建筑技术和材料，却忽视了地球和人类的需要，违背了其深层的涵义。

　　对规划方面取得成功案例的深入分析会揭示这样一个事实：我们实现的最伟大的进步不是力图彻底征服自然，不是忽视自然条件，也不是盲目地以建筑物替代自然特征、地形和植被，而是处心积虑地寻找一种和谐统一的融合。为达到这种和谐统一，可以借助于调整场地和构筑物形式使之与自然相适；可以将山丘、峡谷、阳光、水、植物和空气等引入规划设计之处；可以在山川间、溪流和河谷旁布置构筑物，使之融入景观之中。

　　渴望秩序和美是我们人类永远的追求，但当城镇一方面变成窄街陋巷，而另一方面又追求超尺度的非正常形态，这样的建筑能令我们满意吗？当过境交通把我们的社区分割得支离破碎，当货运卡车隆隆地驶过我们的家门前时，这样的环境能让我们满意吗？当我们的孩子在上学的路上必须一次次横穿危机四伏的道路时，当车流不得不早晚两次从阻塞嘈杂的高楼峡谷中挤进、挤出城市时，这样的交通能让我们满意吗？按理说，这些城镇本可以绿树成阴，车流在通畅的绿阴道路上，直奔宽敞的聚居区和开阔的乡野。

现实中人们必须面对这令人烦恼的事实：城市、郊区和乡村的规划设计方案大部分没有经过构思，社区和公路、地形、气候、自然、生态基础之间缺乏合理的联系，城镇的发展继续保持不合理，无序的空间多，有序的空间少。我国正处于城市化的急速发展期，以上这种现象表现得尤为突出。

一方面，从宏观的角度讲，决定场地的宏观形态形成的用地划分、建筑物布局、交通流线组织、绿化系统配置等项内容缺乏统筹运作；另一方面，从微观的角度讲，决定场地微观效果的道路、广场、停车场、场地竖向、管线设施、景园设施的详细设计等内容不够完善。最后导致既没有合理的形态，又缺乏细部设计，问题就出在场地设计。

历史告诉我们，影响场地设计的主客观因素非常多，场地设计不能就事论事，就地论地。优秀的场地设计者应凭借得到灵感和激发灵感的视角去审视每一工程，将每一问题作为整体和能自圆其说的规划设计理念的一部分来考虑。简而言之，场地设计的中心思想是创造一个更加健康、生机勃勃的环境，一种更加安全、有效、祥和、富有成果的生活方式。

1.2 场地设计思想的历史溯源

人们对事物的认识总是经历由表及里、由现象到本质的过程。作为外在现象，它和本质之间必然有某种内在联系，这种联系有的比较袒露而简单，有的则比较疑惑而曲折。场地设计也是这样，历史上人们总在自觉不自觉地运用一些约定俗成的理论选择自己的栖息地，选择特定用途的场地。例如负阴抱阳，背山面水，这是风水观念中宅、村、城镇基址选择的基本原则和基本格局。所谓负阴抱阳，即基址后面有主峰来龙山，左右有次峰或岗阜的左辅右弼山，山上要保持丰茂的植被；前面有月牙形的池塘（宅、村的情况下）或弯曲的水流（村镇、城市）；水的对面还有一个对景山（案山）；轴线方向最好是坐北朝南，但只要符合这套格局，轴线是其他方向有时也是可以的。基址正好处于这个山水环抱的中央，地势平坦而具有一定的坡度。这样，就形成了一个背山面水基址的基本格局。如图 1-1 就是风水观念中宅、村、城的最佳选址。图 1-2 反映了村镇选址与生态的关系。

社会中各种活动的综合促进了社会的发展，推动了社会的进步，这些活动大体上包括政治活动、经济活动、文化活动、社会生活、社会习惯、民俗风情、地方传统等等，这些都直接影响着建造活动和建筑文化的表现。人类历史的发展和运动，可以认为是人在一定的社会制度下活动的轨迹。在社会里，人类意识观念、决策观念以及社会各种活动观念，都直接地或间接地影响着城市和各种建筑的发展、保护及破坏，影响建造的模式、形态、风格等。中国古代封建城市和古代欧洲城市各自形成了她们自己的形态特征、设计思想及观念，对待事物的不同态度直接影响建筑形态和风格的发展。中国的建

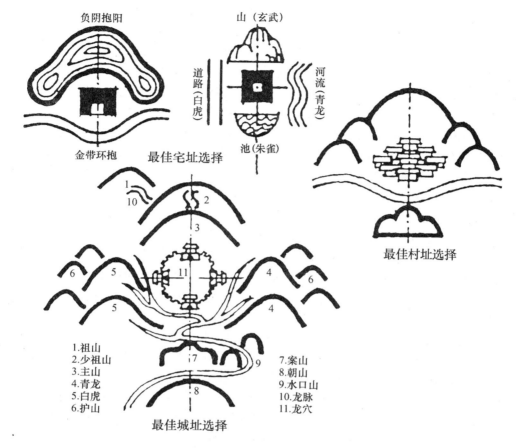

图 1-1　风水观念中宅、村、城的最佳选址

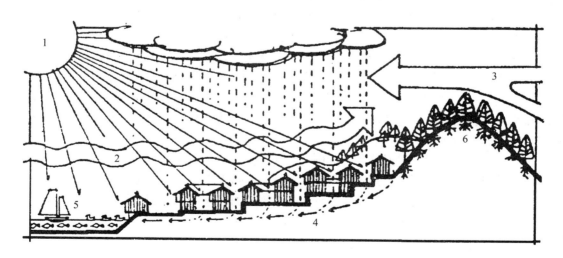

图 1-2　村镇选址与生态关系

1—良好日照；2—接受夏日南风；3—屏挡冬日寒流；4—良好排水；

5—便于水上联系；6—水土保持调节小气候

筑匠人当算清朝后期才开始形成的独立设计和建筑作品,在这以前大多为匠作。我们认为从施工工人中分离出来独立的社会职业是个进步,若将东西方比较就会发现,在我们的土壤上没有独立意志的建筑师,往往是统治者、领导者的意志和行为,他们直接支配着建造和营建活动。只有独立的职业才能成为一种专业,独立的建筑师需要民主的体制、民主的进程和科学的进程,需要法律的保护。我们说的"文化的建筑",是在实践活动中,由领导者和建筑师互动来促进现有文化的发展与保护。通常的建筑往往是甲方要求与建筑师们的互动,大体上服从于管理者的需求,我们深入了解中国社会观念形态和西方社会观念形态的差异十分重要。以自然观为例,西方的自然观是人作用于自然,他们强调逻辑和理性思维,而中国受传统儒家思想的影响,强调直观、直觉、形象等的"顿悟",人和自然的融合,天人合一,是一种折衷。

人们看到,欧洲艺术界在艺术中背弃大自然的根本概念,已有千百年之久了。西方人想像他们自己与自然是对立的,实际上,那种非常夸张的个人人格只是一种幻想。东方人希望自己本身,并非同自然及其伙伴分离,而是与之同为一体。在西方,人与环境间的交互感应是抽象的,在东方,人与环境间的关系是具体的、直接的,是以彼此之间的关系作基础的。西方人向自然宣战,东方以自身适应自然,并以自然适应自身。

中国历史上设计思想可以划分为如下三个阶段:

第一阶段是接受西方教育的首批中国建筑师登上舞台带动了整个中国建筑界的进步,也带回了西方文化的价值观;把设计优美的人工环境作为建筑师改造社会的手段和职责。

第二阶段始于 1957 年,中国建筑师在当时的政治经济条件下开始养成特有的设计哲学,致力于建筑物质功能的满足和求精,"在可能的条件下"追求艺术形象的完整和平稳(不是创新)。经过批判复古主义,中国传统文化价值和西方文化价值的研究都引退了,建筑师们的职业价值在于考虑并满足社会的物质需求,建筑学更多地是一门技术科学,而渐渐脱离了艺术。

第三次阶段自 1978 年起,中国走出封闭的大门与世界各国作横向比较的结果,是引起对自己历史的重新回顾,焦虑痛感中华民族若不振兴,将面临淘汰的危险,中国知识分子重新认识传统价值观和西方价值观。在建筑界,这场变革使部分建筑师,尤其是中青年建筑师首先开始对几十年中千篇一律的建筑形象发起攻击,不只是对表面形式的讨论,而是探求建筑作为人类传递历史、交流信息永恒工具的作用,以及在此过程中建筑师们的抉择与权利,随着建筑科学的日益综合化、渗透化、边缘化,设计思想也纷繁复杂,趋于多种多样。

在前两个阶段由于受经济条件的限制,主要是对单体建筑功能、形式的设计思想的改变,对场地设计及其理论还没有引起广泛注意。改革开放以后,随着中西方文化的交流,人们对生态、环境、可持续发展的重视和对良好环境的渴望以及注册建筑师考试制度的实施等等,促使场地设计理论迅猛发展。

当前,场地环境乃至区域环境等问题亟待研究和解决,诸如沙漠化、水土流失、绿化覆盖率、有毒化学物质的控制、城市垃圾处理、水体污染、温室效应、物种频临灭绝、酸雨危害、大气污染等。在宏观上,场地环境的净化、美化、强化直接关联,特别是当前建筑由个体趋向群体化、综合化、城市化,建筑与自然融合,整体环境与生态平衡，这使得环境意识面临更多新的问题。

场地设计是文化的表现，它反映了一个社会的形象。其中的建筑设计、建筑质量、建筑与环境的结合、自然与城市的关系、传统建筑对环境尊重，成为公众关注的焦点。在场地设计中，特别是自然环境与场地的关系，是不可分割的有机整体，随着建筑事业的发展，场地环境在建筑创作中愈来愈显示出它的重要意义。任何优秀的建筑作品，如果没有良好的场地环境相适应，将有损于它自身存在的价值。如果说建筑与文化发展有着千丝万缕的关系，构成了文脉，那么场地环境之于建筑可视为命脉。建筑如果脱离了场地环境，无异于是一堆孤立的砖瓦，缺乏生气，更谈不上建筑自身的韵律和情趣。举凡历史上有名的建筑，莫不都与场地环境取得和谐共生，相映生辉，丰富了建筑内外空间，加强了建筑表现，给人们留下了深刻的印象。

场地环境，由于民族文化、宗教信仰、生活习俗、美学情趣、等级观念、社会差别、传统技艺的不同，具有不同的表现形式，显现出绚丽多姿的风采，在长期的建筑实践中形成了各具特色的不同体系。孤立地考察一幢建筑，必然会出现许多的雷同的样式。一旦建筑结合场地环境条件，进行纵横围合与内外延伸，都将具有不同的表现。20世纪70、80年代建筑大多是板式建筑和点式建筑加小帽头，如若结合不同的场地环境条件，绝不会出现同样的模式。在传统建筑中，无论是各种院落、寺观、文武庙的构成；都是由不同的厅、堂、廊、榭、庑、亭等所组成，采取不同的组织方法，把建筑与环境内外穿插，融为一体，亦变得婀娜多姿，体现不同的情趣。中国建筑史上较有影响的建筑如已建成的龙柏饭店、白云宾馆、漓江饭店、白天鹅宾馆、曲阜阙里宾舍、香山饭店等，都吸收了传统建筑的手法，使其与山、水、环境有机地配合、表现了不同的情调。

场地环境在建筑创作过程中是一个重要环节，它不但从宏观上把握建筑的总体效果和气势，体现建筑自身的性格，也有助于强化建筑的表现，体现某种文化意识和深层哲理。但在建筑实践中似乎有一种通病，建筑大多数只能局限于建筑自身而忽视了场地环境，这种原因是多方面的，因为按现行的管理机制、经营投资模式，建筑只能限于红线之内以求得最大的效益，加上经济和时间的制约条件，致使场地环境在创作中具有很大局限。场地环境在创作中存在的问题，已引起建筑界的关注。场地环境包括自然环境、空间环境、历史环境、文化环境以及环境地理等，要进行综合地分析，方能达到圆满的意境。当前，结合自然、创造自然、保护自然（生态平衡）的问题，已引起建筑界的普遍关注，场地设计的理论也在不断的完善。

1.3　场地的概念

当规划一个与一定场地相关的工程或建筑时，我们首先考虑场地需要提供的、将被组织在一起的各种功能。

理论上，每一块场地，都应有一种理想的用途；反过来，每一种用途，都应有一块理想的场地来实现。

由此可见，场地概念具有综合性、渗透性以及功能的复杂性。汉语有"场"、"场地"、"场次"、"场所"、"场合"、"场面"、"场子"、"场景"、"场院"等,《新华字典》把场地解释为"进行各种活动的一片地面";《金山词霸》把场地解释为"供活动、施工、试验等使用的地方"。英语的场地为"Site",作为名词性质解释为"(建造房屋等的)地点、地基、场所、现场、遗址"。作为动词性质时解释为"确定……的地点"。本书中场地的概念应包括以上所有含义,场地应包括满足场地功能展开所需要的一切设施。具体来说应包括:

场地的自然环境——水、土地、气候、植物地形、环境地理等。

场地的人工环境——亦即建成空间环境,包括周围的街道、人行通道、要保留的周围建筑、要拆除的建筑、地下建筑、能源供给、市政设施导向和容量、合适的区划、建筑规则和管理、红线退让、行为限制等。

场地的社会环境——历史环境、文化环境以及社区环境、小社会构成等。

1.4　场地的分类

我们知道某种植物或动物均有其适宜的生存空间,同样某一项目或构筑物也必须与所在场地相协调,设计表达也应与不同场地的不同景观相适应。因此根据类型划分场地并确定其设计特点是必要的。

一般我们根据所处位置可以分为如下两种场地:城市场地和农村场地。

根据场地地形特点可以分为如下两种场地:坡地和平地。

1.5　场地的特点

1.5.1　城市场地

(1) 城市场地地处纷繁复杂的城市环境中。

(2) 城市场地功能复杂化、综合化、渗透化,由于占地面积较大,城市用地又比较紧张,因此规划不得不做得很紧凑,以便能够节省出比较多的面积。

(3) 城市场地空间有限。在设计中可以通过面积的综合利用和空间的相互渗透来扩展可见空间。通过精心的规划设计布置,即使是小的建筑也可以让人感觉很宽敞。

(4) 与乡村场地相比一般城市场地环境给人以一种封闭和压抑感。由于超尺度的界面,繁杂污浊的环境,工作的压力等等,都给人造成一种禁闭和压抑感。

(5) 城市场地是经城市街道等串联起来的空间单元。城市街道和人行步道是连接、接近和到达城市场地的主要线路。

(6) 城市场地的环境受城市的影响比较大。例如城市街道有噪音、烟尘以及空气污染等有碍人们健康的因素。因此,邻街道的城市场地构成要素可以经过恰当的设计削弱不利环境的影响,增加进深,提供私密性和安全性。透漏的视觉屏障以及装饰隔音屏障等对形成良好的城市场地环境很有作用。

(7) 城市场地应对改善城市生态环境发挥作用。由于城市建筑大多是混凝土的。

在夏天，城市温度经常比周围乡村高许多。因此，场地设计应最充分地利用自然风、树阴、遮阳设施以及借助喷泉、水池、射水等，充分发挥水所具有的令人神清气爽的特性。引导、促进空气运动，通过透空的或是阻隔的屏障，或是经过潮湿的织物、碎石及其他蒸发性的界面，来进一步调节气候。

（8）城市场地的建筑材料综合、广泛。在城市中，所有的材料看来都是外来的，异域的植物和材料等建筑材料也是合宜的。城市中的土壤、植物、水，可以很好地作为雕塑或建筑元素。在设计中应将自然特征（树木、有趣的地表形态、岩石及水体等）融入规划设计方案中，尽量照顾它们。

1.5.2　农村场地

（1）农村场地地处接近自然的乡村环境中。

（2）农村场地土地充足，规划可更加开放、自由，视域跨度很大，可涵盖远处广阔的景观视野。规划考虑的范围应更大，篱笆墙的几何图案、果园、围场甚至数里外的山峰都可成为设计的条件和元素。

（3）农村场地由田野、林地、天空组成的开阔视野具有一种自由感，这是乡村场地景观的基本特性。我们可以合理地使规划向外容纳整个场地的最佳特征，并支配最佳景色。

（4）农村场地的设计应同自然保持和谐一致。让自然融于设计的目的和主题中，主要的景观特征已存在，重点体现最佳特征，屏蔽、弱化不太理想的特征，顺依它们而设计与自然形态最佳结合的建筑形式，顺应地形特征的土地利用可以很好地指导建筑规划的组织。

（5）农村场地的地表形态是强烈的视觉要素。一个充分考虑与地形关系的建筑物，其本身的力度会增强，同时与地形特征更加和谐。

（6）农村场地的乡村景观是微妙的——绿色、蓝天交融的田园风光。规划设计过程中，必须认识到这些特性并恰如其分地处理，否则会浪费美好的景观。

（7）农村场地里，场地的构成要素及人们更多地暴露于自然要素和天气中——太阳、月亮、风、霜、雨、雪、四季的变化。场地和建筑自身都应反映出对气候适应的深入思考。

（8）农村场地意味着足够的土地和更大的机动性。汽车和行人的道路等设计中的重要元素常常可在场地界线以内安排以展现最佳的场地和建筑特征。

（9）应充分利用农村场地的本土材料。耸立的巨石、田间的石块、板岩、碎石以及木材等形成了乡村的景观特征。建筑、围篱、桥梁和墙壁如采用这类自然材料会有助于加强构筑物同周围环境的联系。

（10）农村场地景观的本质特征是自然，不做作。我们采用的建筑形态、建筑材料等应很好地反映这种自然性，无需过于雕饰。

1.5.3　陡坡地（无障碍的斜坡）

（1）陡坡地是指坡度＜25°的场地。

（2）陡坡地的等高线是主要的规划因素。通常采用等高线规划，也就是让规划要素与等高线平行排列。

（3）陡坡地中高程接近的区域形成与斜坡走向垂直的狭带状。

（4）陡坡地中的场地设计，建议采用栅栏形或条带形等狭长的规划形式，以有效利用可供使用的土地。

（5）陡坡地中缺乏大面积平地，须在坡面上开挖或堆垒得到。如果是土质结构，须采用挡土墙或坡度较大的斜面支撑。

（6）陡坡地的实质是高差的存在。建议采用梯田状方案。在多层结构中，各层面可分隔成不同的使用功能。

（7）陡坡地的斜面是一种坡道。因此，坡道和踏步都是合理的规划元素。

（8）陡坡地对于组织车辆交通来说，斜面的坡度可能过陡。沿等高线行进是最省力的，这表现在一般的道路应是沿等高线方向绕行。

（9）陡坡地具有动态的景观特性。这种场地有利于形成动态的布局形式，坡地有非常引人的特性，即坡度的明显变化。通过阶梯、眺望台及挑台的运用，自然坡度的变化得以强化和夸张。

（10）陡坡地本身强调和土地、空气的接触。附于斜面之上的水平元素通常内侧与土地、岩石接触，外端尽头独立空中。水平元素同土地的交接部分须清楚表达。在悬空的突出一侧，建筑和天空的融合部同样应该给以设计表达。

（11）陡坡地的顶部暴露于自然环境中。规划时可开发或创造如同梯田一样的地表轮廓，即：在有充分保护的同时，调整或改动坡地以保持或扩大视域。

（12）陡坡地为景致增添情趣。可将丰富景观的细部而进行的场地开发工程费用减少到最低，因为如果坡地控制了一片优美的景致，就无需太多别的东西。

（13）陡坡地的斜坡是外向型的。规划方向通常是向外、向下的。由于视线一侧是暴露的，与太阳、风及暴风雨的规划关系应给以充分考虑。

（14）陡坡地具有排水问题。地下水和地表径流必须经拦截和改道，或者让其自由地通过建筑物底部。

（15）陡坡地的斜坡创造出许多很珍贵的水景特性。瀑布、跌水、喷泉、涓流和水幕的存在为规划创造了良机。

1.5.4　平地

（1）平地是指坡度 <2°的场地。

（2）平地上规划的限制性最小。水平场地是所有场地类型中最利于形成单元状、晶体状或几何状规划格局的。相对而言水平场地景观趣味较少。规划趣味的产生依赖于空间与空间、建筑物与空间及建筑物与建筑物之间的关系。

（3）平地本质上是一宽阔的基面。其表面上展开的所有元素既有非常重要的相互联系，同时，各自又有非常重要的视觉作用。平地中的垂直要素尤为重要，必须既要考虑自身的形式，又要作为背景，衬托别的物体或透过它形成斑驳阴影。

（4）平地无焦点。场地上最显眼的要素将决定该地的景致。

（5）平地中的道路不受地形的限制。从任何方向都可通达，所以任何一个立面都很重要。内外交通环线是重点设计的元素，因为它们控制着规划的视觉展现效果。

（6）平地设计中天空是关键的景观要素，它孕育着无穷的变化和美感。我们可通过运用倒影、湖泊、水池、庭院、天井和后退空间，很好地展现天空的特性。

（7）平地设计中光与影的设计是强有力的设计要素。可以根据光线变幻无穷的特性，最有效地利用与形体、颜色、材质、材料相关的部分。我们可以将光的投影效果加以夸张，如厚重的壁影，流动的水光，奇特的造型影像，斑驳的树阴或作黑色背景衬托亮丽的物体。

（8）平地具有中性的景观特性。场地的特征取决于引入的元素，大胆的形式、强烈的色彩，更为常见的是外来材料，都可以在这里运用，它们和这里的原始景观并没有明显的冲突。

（9）平地缺少私密感。创造私密感是规划设计目的之一。通过有效组织空间焦点，或内敛于庭院，或外延于无穷远处等等，都可以达到私密效果。

（10）平地中缺少第三维。地表三维空间可通过土地或建筑的平台，凹坑而获得。轻微的抬起、下陷及台阶在平地上都会有夸张的效果。

（11）平地有利于扩展规划。扩展规划可通过连续的通道或元素来表达。

（12）平地设计容易单调。既然平地的趣味点存在于建筑中而非自然景观，那么就该尽可能通过各种手段提高、强化构筑物本身特点。

（13）平地设计中地平线是一条醒目的界线。运用低平建筑形体（补充）或强烈的垂直形体（对比）可获得更显著的效果。

1.5.5 其他类型的场地

根据上述给定的场地类型，通过感受和分析其景观特征确定抽象设计特征的方法，当然也适用于许多类型的场地中，包括：瀑布、山地、湖岸、森林、海滨、田园、度假区、文化区、商业区、工业园等。

在给定场地进行规划开发或建筑物设计时，要通过彻底分析景观现状而推断出总的设计特点是很有益处的。

1.6 场地设计的概念

"场地设计"应理解为"场地规划与设计"的简称。我们知道，所谓规划指的是一个为行为做准备的、系统地进行的、由发展到决策的程序。规划是针对程序说的，规划是一种秩序的设计，利用规划可以制定社会性目标，并将目标转变为行动计划；规划意味着对于现实状况、目标和行动比较方案有预见的、系统的思索和阐述，行动方案的优选以及合理地实现所选方案的指示的拟定；另外规划还具有社会学的内容，规划将合理的方法用于阐述社会性目标，并将它过渡到具体行动计划的课题中，因此它是社会调节的一部分。而设计是针对对象而说的，可以理解为工程任务主要部分的探讨性的图解（草图设计）和任务最后的图解（设计）。本书中的"场地设计"是为了与习惯性的说法相一致，但应理解为"场地规划与设计"。

"场地规划必须被看成是由土地未来的所有者对整个场地和空间的组织，以使所有者对其达到最佳利益。这意味着一个整合的概念：建筑物、工程结构、开放空间以及自然材料一起进行规划……"让我们借用嘉雷特·爱克特（Garrett. Eckbo）对场地规划的描述，把场地设计解释为满足一个建设项目的要求，在基地现状条件和相关的法规、规范的基础上，组织场地中各构成要素之间关系的设计活动。其根本目的是通过设计使场地中的各要素，尤其是建筑物与其他要素能形成一个有机整体，以发挥效用，并使基地的利用能够达到最佳状态，获得最佳效益，节约土地，减少浪费。上面所提到的建设项目是指含有单一建筑物或者是小规模群体建筑物的场地设计项目。

场地设计涉及多方面内容：

（1）场地的前期策划，场地开发限制，包括场地自身的限制、场地周围乃至整个城市或地区的限制。

（2）场地选择，针对某一用途选择合适的场地。

（3）场地分析，分析所有影响场地建设的方方面面的因素。

（4）建筑布局，确定建筑物的位置及其形状，布置道路网与建筑小品及绿化，进行竖向设计，确保建筑外部场地满足消防要求，保证建筑群有良好的环境质量和空间艺术效果。

（5）城市公用设施（如市内停车场等）的场地设计。

（6）场地的调整及场地的扩建。

总之，理解场地的地理特征、交通情况、周围建筑及邻里露天空间特征，考虑人的心理对场地设计的影响，解决好人流、车流、主要出入口、道路、停车场地、竖向设计、管线布置等，符合建筑高限、建筑容积率、建筑密度、绿化面积，符合法律法规的规定等是场地规划设计的全部内容。

1.7　场地设计的阶段

场地设计没有什么秘密可言，它是一个系统化的过程。它的目的是最优地安排与场地及其环境有关的自然和人工的任何规划元素。不论是私家花园、大学校园，还是其他工程，规划设计途径在本质上都是一致的。场地设计的程序一般包括以下十二个步骤，其中一些步骤可以同时进行：

（1）场地规划意图确定（范围，目标以及目的）；

（2）场地选址；

（3）场地地形测量图的获取；

（4）场地分析；

（5）场地策划；

（6）场地的数据收集与分析；

（7）场地调查；

（8）场地规划条件汇总和参考资料的组织；

（9）场地设计的探索性研究；

（10）场地设计方案比较分析和对方案的审校，得到获准的概念规划；

（11）确定场地的初步开发规划与费用概算；

（12）场地的工程规划、说明书文本及设计文件的准备。

1.8 场地设计的相关领域

1.8.1 场地设计与生态的关系

生态发展是通过将生态原则用于各种工程，寻求制约人类活动对自然环境的冲击。每个生态限定的区域，如河谷和山区，都要经过严格检查，看其在自然和人类资源方面提供些什么，这本身包括综合原先孤立的活动和利益。

场地设计应该基于生态的土地使用方式。建筑在要布置地段内，力求对所处地区的生态系统产生最少的破坏和影响。结合当地特色的动植物种群，提高地段的生态价值，通过地段规划和景观设计可以实现微观气候改善。环境影响人的因素有舒适度，它包括日光辐射、气温、空气流动、温度或降水。人体对外界的适应程度上都更与日常生活靠近，也就是说，人体靠近了外部环境的平衡与协调。当这些要素的综合效果不对人产生不适的影响时，就达到了人的舒适范围。更重要的是室外气候越接近这一范围，创造室内舒适度所需要的能量就越少。景观形式能够对建筑的能量消耗起到有益的作用，它可以减少费用，改善微观气候。

场地内景观设计应当以改善建筑周围空间的微观气候为目的，为使用这个空间的人们提供更舒适的环境。一个建筑与景观结合的最佳方案，应该使被设计的系统与景观植物相结合，利用竖向景观和植物等改善地域环境，造成当地生态系统的发展和弹性。

1.8.2 场地设计与建筑设计的关系

（1）场地设计与建筑设计的整合

场地设计贯穿于建筑设计全过程，与建筑设计相比，场地设计也分为初步设计和施工图设计两个阶段，它配合建筑设计完成各个阶段的设计任务。

场地设计的概念同时包括两个尺度，一个是大型建筑物在城市规划及景观设计尺度上的阅读、改变和表达；另一个是小型建筑物，它的作用是过渡、连接、辩证地综合手眼直接感到的日常生活空间细节。这两种尺度的并存，要求对远与近的感性理解上有一个连续性。对于建筑师来说，设计场地景观不是被破坏而是被变迁和改善，被合理规划利用。

初步设计阶段，主要进行设计方案或重大工程措施的综合技术经济分析，论证技术上的适应性、可靠性和经济上的合理性，并明确土地的使用计划，确定主要工程方案、提供工程设计概算，作为审批项目建设、设计编制施工图等进行有关施工准备的依据；其工作主要着重于场地条件及有关要求的分析、概念设计、场地总平面布局、竖向布置方案、场地空间景观设计等。

场地的施工图设计，则是根据已批准的初步设计编制具体的实施方案，据以编制工程预算，做好订购材料和设备、进行施工安装及工程验收等。其工作主要包括：场地内各项工程设施的定位、场地竖向设计、管线布置、绿化布置及有关室外工程的设计详图等。

（2）场地设计与场地内功能行为的展开

场地设计是对场地内的建筑群、道路、绿化等的全面合理的布置，并综合利用环境条件使之成为有机的整体，在此基础上进行合理的功能分区及用地布局，使各功能区对内、对外的行为能合理展开，各功能区之间既保持便捷的联系，又具有相对的独立性，做到动静分开、洁污分开、内外分开等等。其间，合理布置各种动线（交通流线、人流、物流、设备流）及出入口，减少相互交叉与干扰；同时，明确建筑群的主从关系，完善空间布置，并根据用地特点及工艺要求合理安排场地内各种绿化及环境设施等等。

（3）场地设计与单体建筑设计的关系

场地设计对其中单体建筑设计的制约性很大，其位置、朝向、室内外交通联系，建筑出入口布置、建筑造型的设计处理等都应贯彻场地设计意图。

同时，由于单体建筑设计还受到建筑物的使用功能、材料与工程技术、用地条件及周围环境等因素的制约，场地设计在一定程度上也取决于单体建筑的平面形式、建筑层数、形态、尺度、材料等；单体建筑设计如能妥善处理好这些关系，就会使设计更加经济、合理。

可见，场地设计与建筑设计是相互影响、相互依存。自宏观角度讲，场地设计是对场地总的布置和安排，属于全局性的工作；自微观角度讲，建筑群中的单体建筑设计，应按照局部服从整体的设计原则贯彻场地设计意图，否则将破坏建筑群体和场地环境及设施的统一性、完整性。

1.8.3 场地设计与城市规划的关系

城市规划是根据一定时期城市及地区的经济和社会发展计划与目标，结合当地具体条件，确定城市性质、规模和发展方向，合理利用城市土地，协调城市空间与功能布局，进行各项用地建设的综合部署与全面安排。所以，场地设计中应落实城市规划的指导思想和建设计划。

控制性详细规划明确规定了场地设计和建设的具体要求，它以总体规划和分区规划为依据，详细规定建设用地和各项控制指标和其他规划管理的要求，或者直接对建设做出指导性的具体安排和规划设计。

场地设计应严格执行《城市规划法》中规定的建设用地与建设工程的规划管理审批程序，即"两证一书"制度。

（1）核发选址意见书的程序

①选址申请。建设单位向（建设项目所在地）城市规划行政主管部门（城市规划局）提交有关材料、手续，提出建设项目选址申请；

②参与选址。城市规划行政主管部门与计划部门、建设单位等有关部门一同进行建设项目的选址工作；

③选址审查。城市规划行政主管部门经过调查研究，条件分析和多方比较论证，根据城市规划的要求，对建设项目进行审查；

④核发选址意见书。通过选址审查后，城市规划行政主管部门核发选址意见书。

（2）审批建设用地、核发建设用地规划许可证的程序

①认定申请。建设单位提出建设用地定点申请后，城市规划行政主管部门审查建设项目的有关条件（包括选址意见书等），依据申请条件的要求，决定是否受理申请；

②征求意见。城市规划行政主管部门根据建设项目的具体情况，向有关部门和单位（如环保、消防、文物、土地等）征询意见；

③划定建设用地位置和界线。城市规划行政主管部门根据规划要求和有关意见，核实建设单位申请用地的位置和界线，初步划定建设项目用地地址和放线范围；

④提供规划设计条件。城市规划行政主管部门向建设单位提供规划设计条件，为场地设计提供依据，并保证场地设计成果与周围环境条件、公用市政设施及公共服务设施协调、配套，并使规划意图在场地设计中得以贯彻实施；

⑤场地布局审查。主要审查场地的总平面布局方案，保证场地的用地性质、规模、布局方式和交通组织符合规划要求，使场地内建筑与工程设施的布局经济合理，并符合节约用地原则及有关规划设计条件的要求；

⑥核发建设用地规划许可证。经过审查批准，城市规划行政主管部门正式确定建设用地的位置、面积和界限，核发建设用地规划许可证，并作为建设单位申请办理有关土地使用手续的依据。

（3）审查建设工程、核发建设工程规划许可证的程序

①认定申请。城市规划行政主管部门审查建设单位提出的建设申请，以及建设用地规划许可证、土地使用证等有关建设工程的文件，依据申请条件的要求，决定是否受理申请；

②征求意见。为使规划管理更加完善合理，城市规划行政主管部门根据建设工程的具体情况，向有关部门和单位征询意见；

③提供规划设计要求。城市规划行政主管部门根据建设工程所在地段详细规划的情况，提出规划设计要求，核发规划设计要点通知书，作为建设单位委托设计单位进行建筑及场地设计的依据；

④设计方案审查。建设单位提出文件、图纸等初步设计成果，城市规划行政主管部门审查设计方案的场地布局、交通组织与周围环境关系和单体建筑体量、层次、造型、色彩、风格等，提出规划修改意见，核发设计方案审定书，建设单位据此委托设计单位进行有关施工图设计；

⑤核发建设工程规划许可证。建设单位将场地设计、单体建筑设计施工图纸和文件，提交城市规划行政主管部门进行审查；经审查批准后，发给建设工程规划许可证。建设单位在取得建设工程规划许可证后，可申请办理有关开工手续。

此外，城市规划行政主管部门还通过验线、现场核查和竣工验收等环节对建设工程实施审批后的管理。

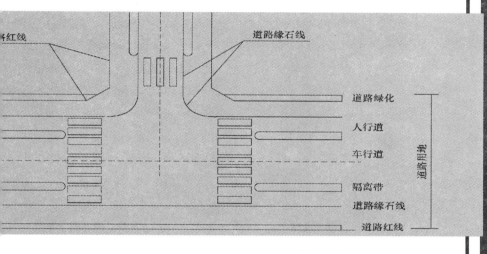

2

场地设计的
制约条件

2 场地设计的制约条件

进行场地设计，一般需收集和分析规划建设要求、自然环境条件、人工环境条件、社会环境条件等资料。

为保证城市和区域的整体运营效益，也为保证场地和其他用地拥有共同的协调环境与各自利益，场地的设计与建设必须遵守一定的公共限制。这些公共限制主要来自于：

（1）国家与地方政府的法律、法规、规范、标准等规定；

（2）当地的规划要求与规划管理的有关规定；

（3）与场地建设有关的消防、人防、交通、市政等主管部门的要求；

（4）场地建设与使用的其他限制。

公共限制条件是通过场地设计中一系列技术经济指标控制来实现的。通过对场地界限、用地性质、容量、密度、限高、绿化等多方面指标的控制，在保证场地自身土地使用效益的同时，达到城市整体经济效益良好、空间布局合理的目的。本节即围绕技术经济指标来详细讨论场地的公共限制条件。

应当指出，开发商（业主）从场地的使用效益和自身经济利益出发，常常对场地的控制指标提出过高要求，但设计者显然应当以公共限制条件优先考虑。现代城市规划的发展，公共限制条件也会视场地对社区的贡献，在某些控制指标上放宽限制。设计者应对此作全面研究，并为开发商的决策提供科学而充分的依据。

2.1　场地设计的城市规划层面

2.1.1　基地关系

无论城市还是乡村，对于建筑物外部，设计构思最重要的一点是建筑物与环境的关系。与基地混合式结合，可使建筑物十分隐蔽，采用缓和调整的手法及重复基地与周围环境的肌理、颜色均可。欲造成建筑物与基地的对比，则可以通过使用与基地对立的材料、形式或突然调整变化来达到目的。

建筑与相邻地边界线之间应按建筑防火和消防等要求留出空地或道路。当建筑前后各自留有空地或道路，并符合建筑防火规定时，则相邻基地边界两边的建筑可毗邻建造。

建筑高度不应影响邻地建筑的最低日照要求。

除规划确定的永久性空地外，紧接基地边界线的建筑不得向邻地方向设洞口、门窗、阳台、挑檐、废气排出口及排泄雨水。

2.1.2   建筑基地

场地范围内的土地属建设用地，受政府有关土地、建设和城市规划等行政主管部门的控制与管理，其中最基本的就是用地界线。

根据我国的建设用地使用制度，土地使用者或建设开发商可以通过行政划拨，土地出让或转让方式，在交纳有关的税费并按程序办理手续后，申请土地使用证，取得国有土地一定期限的使用权，但这并不意味着取得使用全部土地可以全部用于项目开发或建设，用地边界还要受到若干因素的限制。场地的边界限制包括：

（1）道路红线与建筑范围控制线

基地应与道路红线相连接，一般以道路红线为建筑控制红线。如因规划需要，主管部门可在道路红线外另定建筑范围控制线。

基地与道路红线不连接时，应使道路与道路红线相连接。

①道路红线与城市道路用地

道路红线是城市道路（含居住区级道路）用地的规划控制线。一般在城市规划中明确划定，由城市规划行政主管部门在用地条件图中标明。道路红线总是成对出现，其间的线形用地为城市道路用地，如图2-1城市道路包括城市主干路、次干路、支路和居住区级道路等，每种道路用地都包括绿化带、人行道、非机动车道、隔离带、机动车道及道路叉路口等部分，由城市的市政、道路交通部门统一建设管理。

道路红线与用地边界线等关系有如下几种（图2-2）：

第一，道路红线与用地边界线重合，表明场地与城市道路相连。这是场地与城市道路之间最常见的一般关系，如图2-2（c）。

第二，道路红线与用地边界相交，表明城市道路穿过场地。此时，场地中被城市道路占用的土地属城市道路用地，不能用于场地内建设项目的建设使用；场地的建设使用范围以道路红线为界限，如图2-2（a）、（b）。

第三，道路红线与用地边界线分离，表明场地与城市道路不相连。这时，场地必须设置通路与城市道路相连，通路的最小宽度除应满足场地的使用功能要求还应满足不小于4m×4m的消防要求，并符合当地城市规划部门的要求，如图2-2（d）。

②建筑红线

城市道路两侧控制沿街建筑物、构筑物（如外墙、台阶、橱窗等）靠临街面的界

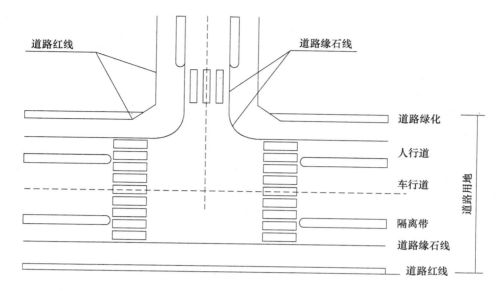

图 2-1　道路红线与城市道路用地

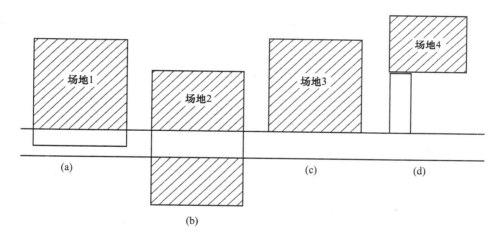

图 2-2　道路红线与用地界线的关系

（a）道路红线与用地边界线相交；（b）道路红线分隔场地；
（c）道路红线与用地界线重合；（d）道路红线与用地界线分离

线，沿街建筑不得越过建筑红线。城市道路系统规划确定的道路红线是道路用地和两侧建筑用地的分界。一般情况下，道路红线就是建筑红线。城市在主要干道道路红线的外侧，另行划定建筑红线，使道路上部空间向两侧伸展，显得道路更加开阔。某些公共建筑和住宅适当退后布置，留出的地方，有利于人流或车流的集散，也可以进行绿化、美化环境。在建筑红线的控制下，前后错开布置沿街建筑，既可满足不同的功能要求，又可避免城市景观的单调感，使城市建筑群的体型和街景富于变化。

　　③建筑范围控制线

　　建筑控制线又称建筑线或建筑红线，受红线后退及其他因素影响，基地上可建建筑的区域往往比红线标定的范围要小。基地上用以标定可建建筑区域范围的界线，称为建筑范围控制线，是建筑物基地位置的控制线。与用地边界线和道路红线不同，建筑控制线并不限制场地的使用范围，而是划定场地内可以建造建筑物的界限，它对建筑物的限制作用（如可突入控制线建造的建筑、建筑突出物等）与道路红线基本相同。建筑控制线的规定主要根据如下因素：

a. （道路）红线后退

场地道路红线连接时，一般以道路红线为建筑控制线。因城市规划需要，主管部门常常在道路红线以外另定建筑控制线，这种情况称为红线后退（后退红线）。这时道路红线与建筑控制线之间的用地可以修建绿化设施、道路、停车场、广场以及用以连接场地与城市管网的管线设施、属公益需要的临时性建筑等。

b. 契约限制

契约限制是指在业主（或开发商）取得土地使用权的划拨土地批准文件和土地出让、转让合同中规定，长期使用必须遵守的各种限制。契约限制一般以明确的文字表达，必要时也可附图说明或对场地使用中各方面提出的限制条件与要求。

建筑范围控制线与红线之间的用地归基地所有者所有其使用，可布置道路、绿化、停车场及某些非永久性的建筑物、构筑物等，并计入用地面积参加其他指标的计算。

（2）场地与城市道路的连接

一般情况下，场地应与城市道路（红线）相连。其连接部分的位置与最小宽度，应满足场地与城市道路之间交通联系的需要和消防车辆的通行要求，并符合当地城市规划部门的要求。

人员密集建筑，如文化娱乐中心、会堂、商业中心等基地，在执行当地规划部门的条例和有关专项建筑设计规范时，应保持与下列原则一致：

①基地应至少一面直接临接城市道路，该城市道路应有足够的宽度，以保证人员疏散时不影响城市正常交通；

②基地沿城市道路的长度应按建筑规模或疏散人数确定，并至少不小于基地周长的1/6；

③基地应至少有两个以上不同方向通向城市道路的（包括以通路连接的）出口；

④基地或建筑物的主要出入口，应避免直对城市主要干道的交叉口；

⑤建筑物主要出入口前应有供人员集散用的空地，其面积和长宽尺寸应根据使用性质和人数确定；

⑥绿化面积和停车场面积应符合当地规划部门的规定；绿化布置应不影响集散空地的使用；

⑦人员密集建筑的基地不应设置围墙大门等障碍物。

（3）道路红线对场地建筑的限制

道路红线是场地与城市道路用地在地表、地上和地下的空间界限，建筑物的台阶、平台、窗井建筑突出物不允许突入建筑红线，建筑物的地下部分或地下建筑、建筑基础以及（除场地内连接城市管线以外的）地下管线也不允许突入道路红线。

根据《民用建筑设计通则》（GB 50352—2005）对不允许突入道路红线的建筑突出物规定如下：

①建筑物的台阶、平台、窗井；

②地下建筑及建筑基础；

③除基地内连接城市管线以外的其他地下管线。

但属于公益上有需要的建筑物和临时性建筑，如公共厕所、治安岗亭、公用电话亭、公交调度室等等，经当地城市规划主管部门批准，可突入道路红线建造。而建筑的骑楼、过街楼、空中连廊和沿道路红线的悬挑部分，其净高、宽度等应符合当地城市规划部门的统一规定，或经规划部门的批准后方可建造。

允许突入道路红线的建筑物根据《民用建筑设计通则》（GB 50352—2005）的规定，在符合当地城市规划部门的规定与要求的情况下允许窗罩、活动遮阳、雨篷、挑檐等建筑突出物突入道路红线，但是该突出物必须与建筑本身有牢固的结合，其建筑的突出物均不得向道路上空排泄雨水，其突入的高度和宽度还必须满足下列要求：

①在人行道地面上空

a. 2.0m 以上允许突出窗扇、窗罩，突出宽度不应大于 0.4m；

b. 2.5m 以上允许突出活动遮阳，突出宽度不应大于人行道宽减 1.0m，并不应大于 3.0m；

c. 3.5m 以上允许突出阳台、凸形封窗、雨篷、挑檐，突出宽度不应大于 1.0m；

d. 5.0m 以上允许突出雨篷、挑檐，突出宽度不应大于人行道宽减 1.0m，并不应大于 3.0m。

②在无人行道的道路路面上空

a. 2.5m 以上允许突出窗扇、窗罩，突出宽度不应大于 0.4m；

b. 5.0m 以上允许突出雨篷、挑檐，突出宽度不应大于 1.0m。

③建筑突出物与建筑本身应有牢固的结合。

④建筑物和建筑突出物均不得向道路上空排泄雨水。

⑤属于公益上有需要的建筑和临时性建筑，经当地规划部门批准，可突入道路红线建造。

⑥骑楼、过街楼和沿道路红线的悬挑建筑，其净高、宽度等应按当地规划部门的统一规定执行。

2.1.3 基地高程

基地地面高程应按城市规划确定的控制标高设计。

基地地面宜高出城市道路路面，以利排水，否则应有地面排水措施。

2.1.4 基地安全

基地如有滑坡、洪水淹没或海潮侵蚀可能时，应有安全防护措施。

2.1.5 基地交通

基地道路出入口的设计，要根据基地所处的地理环境、基地的使用性质等因素进行具体的分析，合理地布置基地的出入口。

在一般公共建筑的总平面中，出入口应设在所临的干道上，并能与主体建筑出入口有比较方便的联系。

有些建筑由于所处的地段限制，建设基地不能与干道相邻。在这种情况下，要考虑其出入口与附近的干道方向有比较方便的联系，给人流活动创造通畅的条件。

当建筑物所处的地段面临几个方面的干道时，就需要对人流的主要来向进行分析，把地段的出入口放在人流密集的部位上，而在其他方向，根据需要设置次要的出入口。

出入口的形式，可以处理成为开敞的，也可以处理成为封闭的。具体采用哪种形式，应视建筑的性质和创作风格而定。通常在大型公共建筑中，需要设置几个出入口，才能满足功能的要求。

在室外空间布局中，配合建筑组合、绿化布置、庭院处理等方面的设计意图，需要考虑一定的内部道路。这些内部道路的组织安排，应起到使室外各个空间之间有机联系的作用。如果配合得当，不仅能使室外空间使用方便，而且也可赋予室外空间更加统一的整体感。

对车流量较大的基地（包括出租汽车站、车场等），其通向连接城市道路的位置应符合下列规定：

（1）距大中城市主干道交叉口的距离，自道路红线量起不应小于70m。

（2）距非道路交叉口的过街人行道（包括引道、引桥和地铁出入口）最边缘不应小于5m。

（3）距公共交通站台边缘不应小于10m。

（4）距公园、学校、儿童及残疾人等建筑的出入口不应小于20m。

（5）当基地道路坡度较大时，应设缓冲段与城市道路连接。

2.1.6 建筑高度控制

场地内建筑物的高度影响着场地空间形态，反映着土地利用情况，是考核场地设计方案的重要技术经济指标。在城市规划中，常常因航空或通讯设施的净高要求、城市空间形态的整体控制以及土地利用整体经济性等原因，对场地的建筑高度进行控制。另外，建筑高度也是确定建筑等级、防火与消防标准、建筑设备配置要求的重要参数。

用以控制场地建筑高度的指标主要有建筑限高、建筑层数（或平均层数），二者之间的关系取决于建筑物的层高。建筑限高适用于一般建筑物的控制，建筑层数则主要用以对居住建筑的考核。

（1）建筑层数

指建筑物地面以上主体部分的层数。建筑物屋顶上的瞭望塔、水箱间、电梯机房、排烟机房和楼梯出口小间等不计入建筑层数；住宅建筑的地下室、半地下室，其顶板高出室外地坪不超过1.5m者不计入层数内。建筑层数的控制与建筑限高的控制基本类似。

根据《民用建筑设计通则》（GB 50352—2005）第3.1.2条民用建筑按地上层数或高度分类划分的规定，建筑物按高度或层数划分普通建筑、高层建筑或超高层建筑。其具体标准为：

①住宅建筑按层数分类：一层至三层为低层住宅，四层至六层为多层住宅，七层至

九层为中高层住宅，十层及十层以上为高层住宅；

②除住宅建筑之外的民用建筑高度不大于24m者为单层和多层建筑，大于24m者为高层建筑（不包括建筑高度大于24m的单层公共建筑）；

③建筑高度大于100m的民用建筑为超高层建筑。

（2）平均层数

指建筑基地内，总建筑面积与总建筑基底面积的比值，单位：层。

$$平均层数（层）= \frac{总建筑面积（m^2）}{建筑基地面积之和（m^2）}$$

一般常用于居住区规划，此时又称为住宅平均层数。

$$住宅平均层数（层）= \frac{住宅建筑面积的总和（m^2）}{住宅基地面积的总和（m^2）}$$

（3）极限高度

建筑物的最大高度，单位：m。为控制建筑物对空间高度的占用和保护空中航线的安全及城市天际线控制等等，应遵照城市规划部门的具体规定。有时，也采用最高层数来控制，但二者含义略有不同。

（4）建筑高度的限制

建筑限高是指场地内建筑物的最高高度不得超过一定的高度限制，这一高度限制为建筑物室外地坪至建筑物顶部最高处之间的高差。某些情况下，也有以绝对海拔高度作为建筑限高的控制值。

根据《民用建筑设计通则》（GB 50352—2005）第4.3.2条建筑高度控制的计算的规定，在城市一般建设地区，局部突出屋面的楼梯间、电梯机房、水箱间等辅助用房占屋顶平面面积不超过1/4者，可不计入建筑控制高度，但突出部分的高度和面积比例应符合当地城市规划实施条例的规定。

当建筑处在国家或地方公布的各级历史文化名城、历史文化保护区、文物保护单位和风景名胜区等建筑保护区、建筑控制地带和有净空要求的控制区时，上述突出部分仍应计入建筑控制高度。

根据《民用建筑设计通则》（GB 50352—2005）第4.3.1条的规定，建筑高度不应危害公共空间安全、卫生和景观，下列地区应实行建筑高度控制：

①对建筑高度有特别要求的地区，应按城市规划要求控制建筑高度；

②沿城市道路的建筑物，应根据道路的宽度控制建筑裙楼和主体塔楼的高度；

③机场、电台、电信、微波通信、气象台、卫星地面站、军事要塞工程等周围的建筑，当其处在各种技术作业控制区范围内时，应按净空要求控制建筑高度；

④当建筑处在国家或地方公布的各级历史文化名城、历史文化保护区、文物保护单位和风景名胜区的各项建设，应按国家或地方制定的保护规划和有关条例进行。

2.1.7 密度及容量控制

（1）用地面积

是指可供场地建设开发使用的土地面积，即由场地四周道路红线（地产线）所框定的用地总面积，其常用单位为公顷（ha）。有时也用亩(1ha = 15 亩 = 10000 平方米）表示。

用地面积是计算场地其他控制指标的基础，应予准确把握。

用地面积与用地形状对场地使用和建设项目的功能布置有很大影响。不同性质、规模的建设项目对场地的用地面积有不同的要求，应视具体情况进行分析。

（2）建筑密度

建筑密度亦称建筑覆盖率或建蔽率。

建筑密度是指建筑基地面积之和与总用地面积之比，单位:%。

建筑密度表达了基地内建筑直接占用土地面积的比例。

$$建筑密度 = \frac{各类建筑基地面积的总和（m^2）}{场地用地面积（m^2）} \times 100\%$$

式中，建筑基地面积是指建筑的占地面积，按建筑的底层建筑面积计算。

建筑密度表明了场地内土地被建筑占用的比例，即建筑物的密集程度，从而反映了土地的使用效率。建筑密度越高，场地的室外空间越少，可用于室外活动和绿化的土地越少；可见，建筑密度也间接反映了场地内开放空间的比例，并与场地环境质量相关。

建筑密度过低，则场地内土地的使用不经济，甚至造成土地浪费，影响场地建设的经济效益。相反，过高的建筑密度又会引起场地环境质量的下降，严重的还会影响建设项目功能的正常发挥。可见，场地的建筑密度应有一个合理的取值，它受到建设项目的性质、建筑层数与形式、场地的位置与地价等诸多因素的制约，应视具体情况进行认真分析。

在控制性详细规划中，一般对场地的最高建筑密度做出明确限定，设计时应严格执行。

（3）建筑系数

建筑系数是指场地内所有建筑物、构筑物、露天设备、露天堆场及露天操作场等占用的土地占场地总用地面积的百分比（%）。

与建筑密度这一概念相类似，建筑系数指标也适用于描述场地内土地的直接使用状况，但主要应用于工业企业场地设计中，并侧重于场地使用经济性的考核。

根据《工业企业总平面设计规范》（GB 50187—93）的规定，上式中各项参数应按下列规定计算：

①场地（厂区）用地面积指厂区围墙内的用地面积，按围墙中心线计算。

②建筑物、构筑物用地面积：新设计的按建筑物、构筑物外墙建筑轴线计算；现有的按外墙皮尺寸计算；圆形构筑物及挡土墙，按实际投影面积计算；贮灌区按成组设备的最外边缘计算，当设有防火堤时按防火堤轴线计算；球罐周围有铺砌场地时，按铺砌面积计算；栈桥按其投影长宽乘积计算。

③露天设备用地：独立设备应按其实际用地面积计算；成组设备应按设备场地铺砌范围计算，但最多只计算至设备基础外缘1.2m处。

④露天堆场用地面积按堆场场地边缘线计算。

⑤露天操作场用地面积按操作场场地边缘计算。

（4）场地利用系数

场地利用系数仅用于考核工业企业场地的土地利用情况，是场地内直接使用的土地（指场地内所有建筑物和构筑物用地、露天设备用地、露天堆场及露天操作场用地、铁路用地、道路和广场用地、工程管线用地等）占场地（厂区）总用地面积的百分比（％），由于属于工业企业的用地概念，在此不再赘述。

（5）容积率

建筑容积率是指建筑基地内总建筑面积与总占地面积之比。

$$建筑容积率 = \frac{总建筑面积（m^2）}{总用地面积（m^2）}$$

容积率为一无量纲常数，没有单位。

容积率与其他指标相配合，往往控制了基地的建筑形态：

$$平均层数 = \frac{容积率}{建筑覆盖率}$$

一般容积率为 1～2 时为多层，4～10 时为高层。

（6）建筑设计应符合当地城市规划部门按用地分区制定的建筑覆盖率和建筑容积率。

（7）在既定建筑覆盖率和建筑容积率的建筑基地内，如建设单位愿意以部分空地或建筑的一部分（如天井、低层的屋顶平台、底层、廊道）作为开放空间，无条件地、永久地提供作公共交通、休息、活动之用时，经当地规划主管部门确定，该用地内的建筑覆盖率和建筑容积率可予提高。开放空间的技术要求应符合当地城市规划部门制定的实施条例。

2.1.8　绿化控制

（1）绿化覆盖率

系指基地内所有乔灌木及多年生草本植物覆盖土地面积（重叠部分不重复计）的总和占基地总用地面积的百分比，单位:％。一般不包括屋顶绿化。

绿化覆盖率直观地反映了基地的绿化效果，但使用中统计较为繁杂。

$$绿化覆盖率（％）= \frac{绿化覆盖面积（m^2）}{总用地面积（m^2）} \times 100\%$$

（2）绿化用地面积

指建筑基地内专以用作绿化的各类绿地面积之和，单位：m²。

（3）绿地率

指建筑基地内，各类绿地面积的总和占总用地面积的百分比，单位:％。

$$绿地率（％）= \frac{各类绿地面积的总和（m^2）}{总用地面积（m^2）} \times 100\%$$

式中绿地包括：公共绿地、专用绿地、宅旁绿地、防护绿地和道路绿地等，但不包括屋顶、晒台的人工绿地。

2.2   场地设计的需求层面

场地设计是一项技术复杂、综合性较强的设计工作。在特定的基地环境中对建筑物、构筑物及其他设施进行总体布局，比单幢建筑物的设计与组合要复杂得多，涉及的面更广，各种矛盾更为突出，一般应满足以下基本要求。

2.2.1   使用要求

为建设项目的经营使用提供方便、合理的外部环境，处理好各组成部分间客观、必然联系和矛盾，这是场地布局最基本的要求。场地的使用要求是多方面，既包括适应功能要求和使用者行为的建筑平面组合，也包括满足人们室外休息、交通、活动等要求的外部空间组织及相应配套设施建设，以及确保实现上述功能的有关工程设施及相应技术要求等。

2.2.2   卫生要求

场地应形成卫生、安静的外部环境，满足建筑物的有关日照、通风要求，并防止噪声和"三废（废水、废气、废渣）"的干扰。

正确地选址是确保场地避免环境污染侵害的关键。场地及其周围的主要污染源有：具有污染危害的工厂、锅炉房、废弃物的排放与清运、车辆交通等。为防治和减少这些污染源对场地环境的污染，在场地总体布局中可相应采取一些必要的措施，但最基本的解决办法还是改进生产工艺和设备，改善生产方式（有条件的采暖地区应尽可能采用集中供热方式）、改革燃料结构和品种、合理组织交通等。

2.2.3   安全要求

场地总体布局除需满足正常情况的使用要求和卫生要求外，还必须能够适应某些可能发生的灾害，如火灾、地震、敌人空袭等情况，因而必须分析可能发生的灾害情况，并按有关规定采取相应措施，以阻止和防止灾害的发生、蔓延和减少其危害程度。

为保证一旦发生火灾时场地内人员的安全，防止火灾蔓延并保证灭火救护工作的顺利进行，建筑之间必须保持一定的防火间距，并按规定设置疏散通道、消防车道及消防栓等设施。

在地震区，为了将地震灾害控制到最低程度，建设项目的选址应避开沼泽地、不稳定填土堆石地段、复杂地质构造（如断层、风化岩层、裂缝等）及其他有崩塌陷落危险的地区。场地内的建筑物应满足规定烈度的设防要求，建筑体型应尽可能简单，应采用合理的层数、间距和建筑密度。道路应平缓通畅、便于疏散，并布置在房屋倒塌范围之外。此外，还应结合室外场地、绿化用地和道路等适当布置安全疏散用地等。

2.2.4   经济要求

建筑的经济问题是一项综合性课题，场地总体布局必须注意建筑的经济性，使之与国民经济发展水平相适应，并以一定的投资获得最佳的经济效益。

总体布局工作应结合场地的地形、地貌、地质等条件，力求土石方量最小，合理确定室外工程的建设标准和规模，恰当处理经济适用与美观的关系，有利于施工的组织与经营，从而降低场地的建设造价。

节约用地也是场地布局时必须考虑的一个重要问题，这不仅是国家的重要技术政策，同时也具有明显的经济意义。其中，建筑单体设计对场地的用地经济性有很大影响，一般建筑单体的层数越多，进深和长度越大，层高越低则用地越经济。减小室内外高差、降低女儿墙高度等也可以起到节约用地的作用。在建筑群体组合中，适当缩小建筑间距，提高建筑密度则可以充分挖掘土地的利用潜力，达到节约土地的目的。

2.2.5 美观要求

场地布局不仅要满足使用的要求，而且应取得某种建筑艺术效果，为使用者创造出优美的空间环境，满足人们的精神和审美要求。优美的外部环境不仅取决于建筑单体的设计，建筑群的组合与环境的关系往往更为重要。场地的总体布局，应当充分协调各建筑单体之间的关系，把建筑群体及其附属设施作为一个整体来考虑，并与周围环境相适应，才能形成明确、整洁、优美的室外空间环境。

2.2.6 可持续发展要求

目前，对于可持续发展的场地设计和开发原则的认识正在逐步形成，建筑师们已经在设计绿色建筑方面取得了重大的进展，尽管这一实践尚未成为设计的主流，但在可持续场地开发实践方面也有成功的范例。

可持续的场地规划与设计，要求必须考虑场地开发对于当地生态系统乃至全球生态系统以及未来的影响。绿色场地设计原则鼓励设计师考虑材料的性质和能量与材料的循环流程，不只是项目建设完毕就结束了，而是要在它的整个使用寿命中对之作维护，如果需要的话，直到最终拆除和处理完残余物为止。也就是说设计师除了要设计更改雨水的处理方式之外，还应该考虑所用材料在整个生命周期中的费用和所用材料的最终处理以及如何采取措施减少或减轻一切负面的影响，等等。

绿色场地规划与设计原则：

（1）通过详细的建筑定位和景观设计将建筑能耗最小化；

（2）利用可再生的能源来满足场地的照明需求；

（3）安装节能照明灯具；

（4）尽量使用已有的建筑和基础设施，避免在未经开发的土地中盲目开发；

（5）设计中应该建立或帮助建立社区的共建参与意识；

（6）设计中应该尽量减少对汽车交通的依赖；

（7）节约使用材料或提高材料的使用效率；

（8）保护和保持当地的生态系统，维持场地的环境功能；

（9）选用低负面影响的或绿色的材料；

（10）场地及其建筑物的设计应满足长久使用要求并可再循环利用；

（11）设计中应尽量节约用水，减少雨水的径流。将雨水作为一种资源而不是一个问题来对待；

（12）尽量减少浪费。

2.3   场地设计的功能层面

影响场地功能布局的因素较多，其中最主要的有：建设项目的性质和规模、使用对象的习惯和行为模式、场地条件等。

2.3.1   建设项目的性质

建设项目的性质是场地功能的基础，不同类别的建设项目，其使用功能往往差别较大。即使是性质相近的建设项目，也因其组织内容、相互关系、使用特点及其对场地外围环境的要求与影响的不同，而具有不同的功能布局要求。例如，文化馆、电影院和剧场均属于文化娱乐类公共建筑，其场地功能布局具有一定的共性；在人员集散与停车场地、交通流线组织、景观与环境要求等方面的要求虽然相似，但场地功能组成、布局及环境要求各不相同，又表现出不同的特点。文化馆和剧场的功能组成比较复杂，而影院的功能组成相对比较简单。

2.3.2   建设项目的规模

建设项目的规模不同，不仅仅是房间数量和空间尺度的变化，其功能组成、流线关系和使用特点等都有差异，并影响到场地的功能布局。如小型汽车站和大型汽车站的规模不同，其附属设施（如汽车修理等）也有较大的变化。

2.3.3   建设项目的使用对象

建设项目大都针对明确的使用对象，并在场地的组成内容、功能布局、交通组织等方面呈现相应的特点。例如，面向社会公众的公共图书馆一般为独立的建筑群，其场地应独立完整，其锅炉房、食堂、汽车库等辅助设施宜布置在主馆的下风向，避开书库和阅览区并以绿化带隔离；场地内的读者、职工和图书等流线应明确，并应与城市公共交通流量良好地衔接；其自行车和机动车停放场地应与日均读者流量相适应；较大规模公共图书馆的少儿阅览区还应设置单独的出入口和室外活动场地。高等学校图书馆面对学生、教师这一特定的读者群，其功能组成相对简单，大多数处于高效建筑群中相对独立地段，由学校统一提供后勤服务，车辆停放一般以自行车为主。

2.3.4   场地条件

制约场地设计的条件包括自然条件、建设条件和公共限制等内容，对场地的功能布局形成多方面的影响，其中有来自场地周围环境的影响，也有来自场地内部条件的影响；有对场地平面布局的影响，也有对场地立体空间的限制；有对场地交通组织的制约，也有对场地内建筑群布置的约束等等，但各种场地条件对场地功能布局的影响程度不同，设计中应通过深入研究，按主次分别处理。

2.3.5　场地用地组成

建筑场地内的土地，一般包括下列使用方式。

（1）建筑用地

场地内专门用于建筑布置的用地，包括建筑基地占地和建筑四周一定距离内的用地，其中，后者是为保证建筑物的正常使用而在建筑之间和建筑四周留出的合理间距或空地。在居住小区、街坊和组团等居住建筑场地，建筑用地按照使用性质又细分为住宅用地和公共服务设施用地；在其他类型的建筑场地中，建筑用地的详细划分因建筑性质的不同存在极大差异，有时也笼统分为主体建筑用地和辅助建筑用地。

由于场地内的主要功能大多在建筑内组织，建筑用地往往成为场地的主要内容，因而也是场地功能布局的核心。

（2）交通集散用地

即场地内用于人、货物及相应交通工具通行和出入的用地，是场地内道路用地、集散用地和停车场的总称。其中，集散用地是指场地内用于人、车集散的用地，如以交通为主的广场、庭院等。良好的交通组织是实现场地使用功能的必要保证，交通集散是场地功能组织不可或缺的重要内容

（3）室外活动场地

场地内专门用于安排人们进行室外体育运动和休闲活动的用地，包括运动场和休息用地。前者如各类田径运动场、球场、露天泳池等；后者如儿童游戏场地、老年人活动场地、露天茶座以及观演设施等。由于人们的休闲活动往往需要优美环境和轻松的氛围，室外活动场地大多与环境美化用地相结合，布置成开放式的绿化用地。伴随着人们闲暇时间的增多和对自然舒适生活环境的向往，室外活动场地的设计受到越来越多的关注。

（4）环境美化用地

即场地内用于布置绿化、水面、环境小品等美化环境的用地，一般以绿地为主，也包括植物园地、绿化隔离带等防护绿地。由于植物的生长具有较广泛的适应性，为提高土地利用率，场地布局中常将环境美化用地与其他用地结合布置。

（5）预留发展用地

为了兼顾近期建设的经济性和远期发展的合理性，许多建设项目需要分期建设实施，这就要求在场地布局时，预留出必要的发展用地。发展用地主要有两种方式，即在场地内集中预留和分散预留。前者有利于近期内集中紧凑布局，但各组成部分的发展受到一定的限制；后者有利于远期的合理发展，但可能因近期布局的不紧凑而造成一定时间内道路、管线等的浪费。实际工作中也可采用集中与分散相结合的方式预留发展用地。

（6）其他用地

除上述用地外，场地内还可能涉及到市政设施等构筑物用地和其他不可利用的土地，一般所占比例较小，在场地功能组织中居于次要和从属地位。

在场地组织中，一方面，受场地功能布局各种因素的影响，上述各种用地的比例、要求各不相同，甚至无需其中的一、两种类型的用地。另一方面，其中某些功能可以在

空间或时间上叠合于同一用地内，如住宅楼间的日照间距范围内，既可以用来做宅间绿化也可同时用作室外活动场地。在场地功能组织时，应注意区别功能需求的减少和用地叠合的差异，避免功能组织的不完善。

2.4   场地设计的工作特征层面

场地环境是城镇大环境的有机组成部分，又是建筑空间的外延，场地设计工作涉及内容较广、问题相对复杂，为了确保场地设计工作成功，必须深刻理解，认真把握场地设计的四大特征，尤其要认真对待场地设计作图的每一细微环节。

（1）综合性

场地设计涉及社会、经济、工程技术、环境等多学科内容，知识相互包容、相互联系，形成综合知识体系。场地设计工作因受到气象、水文、地质、地形、现状土地建设条件、技术经济和工程技术方面的影响，在进行场地内外部空间组合、建筑的形态及布置、绿化设计等工作时，需从建筑与环境艺术这两方面着手研究处理。此外，场地设计还涉及土石方工程、管线工程和专项工程技术。工程建设要统一协调技术、经济、建设方面的种种矛盾，通过工程实践才能理解场地设计工作综合性的设计特征。

（2）政策性

场地设计关系到建设使用效果、建设费用和速度等问题，涉及到政府的计划、建筑工程、土地与城市规划、市政工程等有关部门；建设项目的性质、规模、建设标准及用地等，不单纯取决于技术和经济因素，重大原则问题的解决必须以国家有关方针政策为依据。场地设计工作与国家有关的法律、法规、政策密切相关，是一项政策性很强的设计工作。

（3）地方性

场地设计除受场地特定的自然条件和建设条件制约外，与场地所处纬度、地区、城市等密切相关，设计时应适应周围建筑的环境特点、地方风俗习惯等。场地设计工作依据地方特点，遵循科学规律，尊重地方特征与环境风格，充分挖掘场地本身的特质，设计出各具特色的成果。

（4）预见性

场地设计是主观对客观的反映，是场地内各项建设的蓝图和依据，一旦付诸实施便具有相对的长期性。这就要求场地设计工作具有科学的预见性；充分估计到社会经济发展、技术进步可能对场地未来使用的影响，保持一定的前瞻性和灵活性；要为发展留有余地，既要有发展的弹性，又须有相对的稳定性和连续性。对于分期建设的场地，更要处理近、远期的建设关系，以远期指导近期，以近期体现远期。

2.5   场地设计的政策层面

虽然各类场地设计因性质、规模以及自然条件、建设条件的不同而异，但在结合场地具体实际情况的同时，一般应遵守如下基本原则：

（1）认真贯彻执行国家有关方针、政策

场地设计应体现国家的有关方针、政策，切实注意节约用地，在选址中不占或少占良田，尽量采用先进技术和有效措施，使用地达到充分合理的利用。贯彻执行"适用，经济，在可能条件下注意美观"的原则，正确处理各种关系，力求发挥投资的最大经济效益。

（2）符合当地城市规划的要求

场地的总体布局，如出入口位置、交通线路的走向、建筑物的体型、层数、朝向、布局、空间组合、绿化布置以及有关建筑间距、用地和环境控制指标等，均应满足城市规划的要求，并与周围环境协调统一。

（3）满足生产、生活的使用功能要求

场地布局应按各建筑物、构筑物及设施相互之间的功能关系、性质特点进行布置，做到功能分区合理、建筑布置紧凑、交通流线清晰，并避免各部分之间的相互干扰，满足使用功能要求、符合使用者的行为规律。工业项目的常规设计，必须保证生产过程和工艺流程的连续、畅通、安全，力求使生产作业流程缩短、方便，避免交叉干扰。

（4）技术经济合理

场地设计必须结合当地自然条件和建设条件因地制宜地进行。特别是确定建设项目工程规模、选定建设标准、拟定重大工程技术措施时，一定要从实际出发，深入进行调查研究和充分的技术经济论证，在满足功能的前提下，努力降低造价，缩短施工周期，减少工程投资和运营成本，力求技术上经济合理。

（5）满足交通运输要求

场地交通运输线路的布置要短捷、通畅，避免重复交叉，合理组织人流、车流，减少其相互干扰与交通折返。其内部交通组织应与周围道路交通状况相适应，尽量减少场地人员、货物出入对城市主干道交通的影响，并避免与场地无关的交通流在场地内的穿行。

（6）满足卫生、安全等技术规范和规定的要求

建、构筑物之间的间距，应按日照、通风、防火、防震、防噪等要求及节约用地的原则综合考虑。建筑物的朝向应合理选择，如寒冷地区避免西北风和风沙的侵袭，炎热地区避免西晒并利用自然通风。散发烟尘、有害气体的建、构筑物，应位于场地下风方向，并采取措施，避免污染环境。

（7）竖向布置合理

充分结合场地地形、地质、水文等条件，进行建、构筑物、道路等的竖向布置，合理确定其空间位置和设计标高，做好场地的整平工作，尽量减少土石方工程量，并做到填、挖土石方量的就地平衡，有效组织场地地面排水，满足场地防洪的要求。

（8）管线综合布置合理

合理配置场地内各种地上地下管线线路，管线之间的距离应满足有关技术要求，便于施工和日常维护，解决好管线交叉的矛盾，力求布置紧凑、占地面积最小。

（9）合理进行绿化布置与环境保护

场地的绿化布置和环境美化要与建筑物、构筑物、道路、管线的布置一起全面考虑、统筹安排，充分发挥植物绿化在改善小气候、净化空气、防灾、降尘、美化环境方面的作用，并注意绿化结合生产。场地设计应本着环境的建设与保护相结合的原则，按照有关环境保护的规定，采取有效措施防止环境污染，通过适当的设计手法和工程措施，把建设开发和保护环境有机结合起来，力求取得经济效益、社会效益和环境效益的统一，创造舒适、优美、洁净并具有可持续发展特点的生活环境。

（10）合理考虑发展和改扩建问题

考虑场地未来的建设与发展，应本着远近期结合、近期为主，近期集中、远期外围，自内向外、由近及远的原则，合理安排近远期建设，做到近期紧凑、远期合理。在适当预留发展用地，为远期发展留有余地的同时，避免过多、过早占用土地，并注意减少远期废弃工程。对已建成项目的改进、扩建，首先要在原有基础上合理挖潜，适当填空补缺，正确处理好新建工程与原有工程之间的新老关系，本着"充分利用，逐步改造"的原则，通盘考虑，做出经济合理的远期规划布局和分期改造、扩建计划。

2.6　场地设计的法规层面

场地设计工作的依据是多方面的，一般至少包括：国家和地方有关法律、法规、技术规范等，场地现状的建设条件与自然条件，当地城市规划、环境保护、消防等管理部门的技术要求，业主及上级主管部门的开发设想与建设要求等。这里，仅列出有关的法律、法规、规范等，为读者深入学习提供参考。

（1）有关法律

《中华人民共和国城市规划法》（1989 年 12 月 26 日第七届全国人民代表大会常务委员会第十一次会议通过，1990 年 4 月 1 日起施行）。

《中华人民共和国建筑法》（1997 年 11 月 1 日第八届全国人民代表大会常务委员会第二十八次会议通过，1998 年 3 月 1 日起施行）。

《中华人民共和国城市房地产管理法》（1994 年 7 月 5 日第八届全国人民代表大会常务委员会第八次会议通过，1995 年 3 月 1 日起执行）。

《中华人民共和国环境保护法》（1989 年 12 月 26 日第七届全国人民代表大会常务委员会第十一次会议通过，1989 年 12 月 26 日施行）。

《中华人民共和国土地管理法》（1986 年 6 月 25 日第六届全国人民代表大会常务委员会第十六次会议通过，1987 年 1 月 1 日起施行）。

（2）有关法规

《设计文件的编制和审批办法》（1978 年 9 月 15 日国务院批准、原国家建委颁发）。

《建设工程设计文件编制深度的规定》（1992 年 3 月 2 日建设部批准，1992 年 10 月 1 日起执行）。

《基本建设设计工作管理暂行办法》（原国家计委颁法）。

《建设项目环境保护设计规定》（原国家环保委颁发）。

（3）有关设计规范

《房屋建筑制图统一标准》（GBJ 1—86）。

《民用建筑设计通则》（GB 50352—2005）。

《城市居住区规划设计规范》（GB 50180—93）。

《工业企业中平面设计规范》（GB 50187—93）。

《城市土地分类与规划建设用地标准》（GBJ 137—90）。

《城市道路交通规划设计规范》（GB 50220—95）。

《城市道路设计规范》（CJJ 37—90）。

《方便残疾人使用的城市道路和建筑物设计规范》（JGJ 50—88）。

《城市公共交通站、场、厂设计规范》（CJJ 15—87）。

《建筑设计防火规范》（GB 50016—2006）。

《高层民用建筑设计防火规范》（GB 50045—95，2005 年版）。

《住宅建筑规范》（GB 50368—2005）该规范全部条文为强制性条文，也是第一部以功能和性能要求为基础的全文强制的标准，自 2006 年 3 月 1 日实施，必须严格执行。

其他各类型建筑设计规范中，有关基地和总平面的规定。

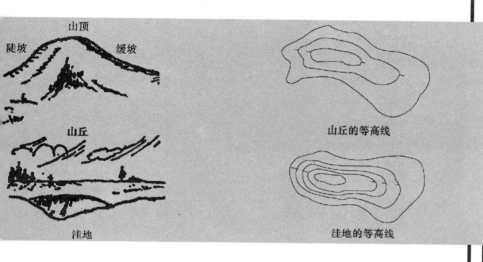

陡坡　山顶　缓坡

山丘

山丘的等高线

洼地

洼地的等高线

3

场 地 分 析

3 场地分析

场地分析是场地规划与设计过程中最为重要的一环。场地分析的目的是收集所需要的数据，评价场地与所计划的项目或功能是否能相适应，找出需要作进一步研究解决的问题，以及为项目的行政需求（如建筑物建造许可证和行政审批）达成协议。场地分析的价值在于它能清楚完整地识别出与所要实现的功能相关的问题和场地条件。尽管场地分析往往受限于相对有限的资源，但它也应在可行的条件下尽可能作到考虑广泛而深远。场地分析的效果一开始很难衡量，直到深入设计过程甚至要到场地建设工作开始后才能看出来。如果在场地分析时敷衍了事或者采用不准确的假定，则可能在以后的设计过程甚至在整个建设过程中付出高昂的代价。

通常场地分析可从自然环境条件、人工环境条件、社会环境条件三方面进行。

3.1 场地的自然环境条件

3.1.1 地形条件

不同的地形地貌对场地内的用地布局、建筑物的平面及空间组合、道路的走向和线型、各项工程建设、绿化布置等都有一定的影响。取得场地地形的渠道一是地形图，二是现场踏勘。

（1）地形图

地形条件的依据是地形图（或现状图）。

地形指地表面起伏的状态（地貌）和位于地表面的所有固定性物体（地物）的总体，主要是采用等高线来表示地形。

地形图是按一定的投影方法、比例关系和专用符号把地面上的地形（如平原、丘陵等）和地物（如房屋、道路等）通过测量绘制而成的。

地形图的比例尺是图上一段长度与地面上相应一段实际长度的比值。

地形图上用以表示地面上的地形和地物的特定符号叫图例。

地形图的主要图例有地物符号、地形符号和注记符号三大类。

（2）地形图的方向与坐标

地形图的方位通常为上北、下南、左西、右东。

地形图上任意一点的定位，是以坐标网的方式进行的。坐标网又分为基本控制大地坐标网和独立坐标网。坐标网一般以纵轴为 X 轴，表示南北方向的坐标，其值大的一端表示北方；横轴为 Y 轴，表示东西方向的坐标，其值大的一端表示东方。

（3）地形图高程

地形图是用标高和等高线来表示地势起伏的。以大地水准面（如青岛平均海平面）作零点起算的地面上各点的高程，称为绝对高程或海拔；采用测量点与任意假定水准面起算的高程，叫相对高程。

（4）等高线

等高线是把地面上高程相同的点在图上连接起来而画成的线，即同一等高线上各点的高程都相等。一般情况下，等高线应是一条封闭的曲线。

相邻两条等高线之间的水平距离叫等高线间距；相邻两条等高线的高差称为等高距。在同一张地形图上等高距是相同的，而等高线间距是随着地形的变化而变化的，且等高线间距与地面坡度成反比。地形图上采用多大的等高距一般取决于地形坡度和图纸比例，一般比例越大或地形起伏越小采用等高距越小，反之则采用较大等高距。一般 1/500、1/1000 地形图上常用 1m 的等高距。

利用等高线可以把地面加以图形化描述，在建筑或景观规划中，以等高线为底图进行规划设计是一种常用的手段。

（5）用等高线表示的几种典型地形

地球表面的起伏相差很大，通常将其分为平原和高地两大类。凡地面起伏不大，大多数坡度在 2° 以内的地区称为平原（或平地）。高地又分为丘陵地、山地和高山地。其地面坡度多数在 2°～6°之间的地区称为丘陵地；其地面坡度多数在 6°～25°的地区称为陡坡地（或山地）；其地面坡度多数大于 25°的地区称为高山地。

等高线间距疏密反映了地面坡度的缓与陡。根据坡度的大小，可将地形划分为六种类型，地形坡度的分级标准及与建筑的关系见表 3-1。

表 3-1　地形坡度的分级标准及建筑关系

类　型	坡度值	坡度度数	建筑区布置及设计基本特征
平坡地	3% 以下	0°～1°43′	基本上是平地，道路及房屋可自由布置，但须注意排水
缓坡地	3%～10%	1°43′～5°43′	建筑区内车道可以纵横自由布置，不需要梯级，建筑群布置不受地形的约束
中坡地	10%～25%	5°43′～14°02′	建筑区内须设梯级，车道不宜垂直于等高线布置，建筑群布置受到一定限制
陡坡地	25%～50%	14°02′～26°34′	建筑区内车道须与等高线成较小锐角布置，建筑群布置与设计受到较大的限制

续表

类 型	坡度值	坡度度数	建筑区布置及设计基本特征
急坡地	50%~100%	26°34′~45°	车道须曲折盘旋而上，梯道须与等高线成斜角布置，建筑设计需作特殊处理
悬崖坡地	100%以上	>45°	车道及梯道布置极困难，修建房屋工程费用大，一般不适于作建筑用地

①山头与洼地

山头与洼地的等高线皆是一组闭合曲线。在地形图上区分山头或洼地的准则是：凡内圈等高线的高程注记大于外圈者为山头，小于外圈者为洼地。如果等高线上没有高程注记，则常用示坡线表示。示坡线就是一条垂直于等高线而指向下坡方向的细短线。参见图3-1。

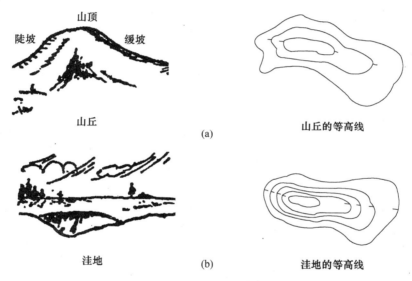

图3-1 山头与洼地的等高线表示

②山脊与山谷

山脊是顺着一个方向延伸的高地。山脊上相邻的最高点的连线称为山脊线。山脊的等高线表现为一组凸向低处的曲线，如图3-2（a）所示，图中S是山脊线。

山谷是沿着一个方向延伸的洼地。贯穿山谷最低点的连线称为山谷线。山谷等高线表现为一组凸向高处的曲线，如图3-2（b）的所示，图中T为山谷线。

山脊附近的雨水必然以山脊线为分界线，分别流向山脊的两侧，如图3-3（a）所示。山脊线又称为分水线。而在山谷中，雨水必然由两侧山坡流向山谷底，集中到山谷线而向下流，如图3-3（b）所示，因此山谷线又称集水线。

③鞍部

鞍部是相邻两个山顶之间呈马鞍形的部位，如图3-4所示。鞍部往往是山区道路通过的地方，也是两个山脊与两个山谷会合的地方。鞍部等高线的特点是在一个大的闭合曲线内，套有两组小的闭合曲线。

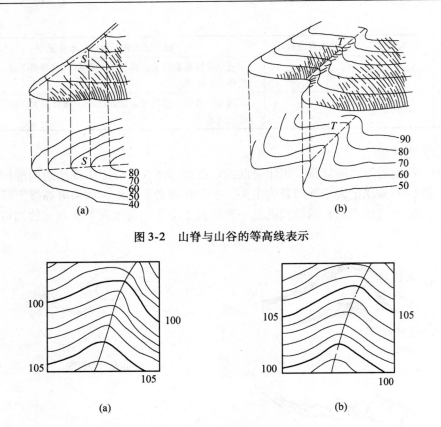

图 3-2　山脊与山谷的等高线表示

图 3-3　山脊线与山谷线

（a）山脊地形图特征：等高线向低的方向凸出，实际地形：山脊（等高线凸出点连线形成水线或山脊线）；
（b）山谷地形图特征：等高线向高的方向凸出，实际地形：山谷（等高线凸出点连线形成集水线）

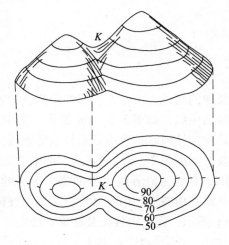

图 3-4　鞍部的等高线表示

④其他几种地形

其他几种地形：挡土墙、峭壁、土坎、填挖边坡，如图 3-5（a）、（b）、（c）、（d）

所示。

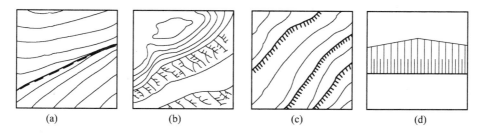

图 3-5 挡土墙、峭壁、土坎、填挖边坡的等高线表示

（a）挡土墙（被挡土的图例"突出"的一侧）；（b）峭壁（垂直于短线的线段指向低处）；

（c）土坎（短线指向低侧）；（d）填挖边坡（垂线密一侧为坡顶）

⑤考试实例

美国 1988 年注册建筑师考试"场地设计"部分 15 题要
求在图 3-6 中判断水流向何方？

（A）西

（B）南

（C）北

（D）从现在的资料无法确定

正确答案应为（B）

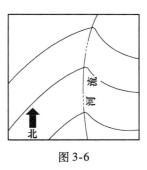

图 3-6

3.1.2 气候条件

气候条件的依据是统计资料，当地雷雨、气温、风向、风力、降水、日照及小气候
变化等。

（1）日照

即太阳辐射，具有重要的卫生价值，也是用之不尽的能源。太阳辐射强度与日照
率，在不同纬度不同地区存在差别，也是确立建筑的日照标准、间距、朝向和进行建筑
的遮阳设施及各项工程热工设计的重要依据。

①日照标准

《民用建筑设计通则》对不同建筑的日照标准做了如下规定：

a. 住宅应每户至少有一个居室、宿舍每层至少有半数以上的居室能获得冬至日满
窗日照不少于 1h。

b. 托儿所、幼儿园和老年人、残疾人专用住宅的主要居室，医院、疗养院至少有
半数以上的病房和疗养室，应获得冬至日满窗日照不少于 3h。

《城市居住区规划设计规范》对住宅的日照做了更详细的规定，并按建筑气候分区
和城市规模大小将日照标准分为三个档次：第Ⅰ、Ⅱ、Ⅲ、Ⅶ气候区的大城市不低于大
寒日日照 2h，第Ⅰ、Ⅱ、Ⅲ、Ⅶ气候区的中小城市和第Ⅳ气候区的大城市不低于大寒
日日照 3h，第Ⅳ气候区的中小城市和第Ⅴ、Ⅵ气候区的各级城市不低于冬至日日照 1h，
详细指标见表 3-2。

表 3-2 住宅建筑日照标准

建筑气候划分	I、II、III、VII气候区		IV气候区		V、VI气候区
	中小城市	大城市	大城市	中小城市	
日照标准	大寒日				冬至日
日照时数（h）	≥2		≥3		≥1
有效日照时间带（h）	8~16				9~15
计算起点	底层窗台面				

②日照间距系数

即根据日照标准确定的房屋间距与遮挡房屋高的比值。

日照间距 $D = \dfrac{H - H_1}{\tan h}$，见图 3-7。

式中 h——太阳高度角；

　　　H——前幢房屋北檐口至地面的
　　　　　高度；

　　　H_1——后幢房屋底层窗台面至地
　　　　　面的高度。

日照间距系数 = D/H

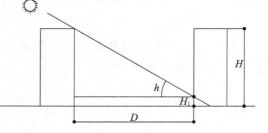

图 3-7　日照间距的计算关系

③日照间距在不同方位的折减

当建筑朝向不是正南向时，可按表 3-3 中不同方位间距折减系数相应折减。

表 3-3 不同方位间距折减系数

方位	0°~15°	15°~30°	30°~45°	45°~60°	>60°
折减系数	1.0L	0.9L	0.8L	0.9L	0.95L

注：1. 表中方位为正南向（0°）偏东、偏西的方位角。

　　2. L 为当地正南向住宅的标准日照间距。

④日照百分率

a. 日照时数。指地面上实际受到日光照射的时间，以小时为单位表示，可以日、月或年为测量期限。一般与当地纬度、气候条件等有关。

b. 日照百分率。指某一段时间（一年或一日）内，实际日照时数占太阳的可照时数的百分比。可照时数：是从日出到日落，太阳应照射到地面的时间（小时）。

（2）风象

风有风向和风速两个表征量。

①风向

风向是风吹来的方向。某一时期（如一月、一季、一年或数年）内，系一方向来风的次数占同期观测风向发生总次数的百分比，称为该方位的风向频率。将各个方位的风向频率按比例绘制在方向坐标图上，形成的封闭折线就是风向频率玫瑰图。风玫瑰图一般常用 8 个、16 个或 32 个方向。

②风速

风速常用米/秒表示，风速的快慢决定了风力的大小，风速越快风力就越大。将各个方位的平均风速按一定比例绘制在方向坐标图上，形成的封闭折线即平均风速（玫瑰图）。

③污染系数

从水平性质来说，污染源下风侧的受害程度与该方向的风频成正比，与风速成反比。因而污染源对其下风侧可能造成的污染程度用下式表达：

$$污染系数 = \frac{风向频率}{平均风速}$$

为避免污染源对其他设施的危害，应将污染源布置于主导风向的下风向。

④局地风

应当指出，以上所分析的仅是一个地区，特别是平原地区风象的一般情况，但由于地形、地物的错综复杂，引起对风向或风速的改变，形成局地风，如水陆风、山谷风、顺坡风、越山风、林源风、街巷风等等，往往对一个局部地区的风向、风速起主要作用，需要在设计中充分给予考虑。

图 3-8 为天津市风向玫瑰图。

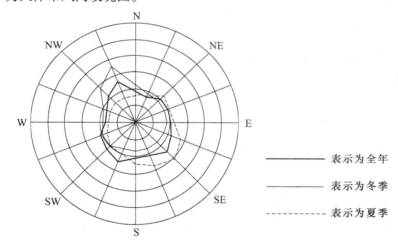

图 3-8　天津市风向玫瑰图

（3）其他气象条件

①气温

通常指高出地面 1.5m 处测得的空气温度，单位：℃。不同地区、不同海拔、不同季节、不同时刻气温都不相同。场地设计一般需取得的气温资料有：常年绝对最高气温和绝对最低气温以及历年最热月、最冷月的月平均气温等；这对建筑的选址、布局、热工设计、绿化、施工等都有很大影响。

②降水

降水量是指落在地面上的雨、雪和冰雹等水质物未经蒸发、渗透、流失等损耗而聚积在水平面上的厚度，单位：mm。一般统计年平均降水量、降水集中月份（雨季时间）、最高降水日、暴雨强度及其持续时间、积雪最大厚度、土壤冻结最大深度等等；

这是建筑的选址、布局、形式、排水、防洪、结构设计、施工及场地绿化等的重要依据。

③应当指出，在研究建筑场地设计时，还应注意到当地的空气湿度、气压以及雷击、云雾、静风等不良气候条件的影响。

3.1.3　地质条件

工程地质、水文和水文地质的依据是工程地质勘察报告。

（1）土壤特性及地基承载力

工程建设往往涉及地面以下一定深度的地质情况，在这深度内是土和岩石的组合。土和岩石的不同种类和不同组合方式以及地上水、地下水的影响造成地基承载力的不同。建筑物对土壤允许承载力的要求如下：一层建筑 60～100kPa，二、三层建筑 100～120kPa，四、五层建筑 120kPa。当地基承载力小于 100kPa 时，应注意地基的变形问题。

（2）地震

①地震震级

用以衡量地震发生时震源处释放出能量大小的等级，也用以表示地震强度的大小。里氏震级共分十个等级，震级越高，强度越大。

②地震烈度

表示地震发生后造成对地表建筑物、构筑物的影响或破坏程度，共分 12 度。

③基本烈度与设计烈度

地震基本烈度是指某一地区一百年内可能遭遇的地震最大烈度。是根据地震调查、历史记载、仪器记录并结合地质构造情况综合分析得出的，是当地地震设防的主要依据。基本烈度在七度以下地区，除有特殊要求的工程项目外，一般可不必采取防震措施；七度及其以上地区，须根据有关规范要求采取相应防震措施；九度以上地区不宜建设。

地震设计烈度则是在地区基本烈度的基础上，考虑到地区内的地质构造特点，地形、水文、土壤条件等的不一致性，所出现小区域地震烈度的增减，据此来制定更为切实而经济的小区域烈度标准。

④地震地区的场地设计

应结合地震区的特点进行合理规划、统筹安排。在建筑布置上，应将人员较集中的建筑物适当远离高耸的建筑物或构筑物及易燃、易爆部位，并应考虑防火、防爆、防止有毒气体扩散等措施，以防地震时次生灾害的发生。

建筑物之间的间距应适当放宽。

道路宜采用柔性路面。

场地内的管道应采用抗震强度较高的材料制作。

架空管道和管道与设备连接处或穿墙处，既要牢固连接以防滑落掉下，又要采用软接触以防管道拉断。

（3）几种不良地质现象

场地工程地质的好坏，将直接影响房屋安全、工程建设的投资和工程建设速度。一一般建筑应避开有矿藏、崩塌、滑坡、冲沟、断层、岩溶等不良地质条件的地段。以下是这几种典型场地的特征及处理措施。

①冲沟

冲沟是土地表面较松软的岩层被地面水冲刷而成的凹沟。稳定的冲沟对建设用地影响不大，只要采取一些措施就可用来建筑或绿化。发展的冲沟会继续分割建设用地、引起水土流失、损坏建筑物和道路等工程，必须采取措施防止其继续发展。防治的措施应包括生物措施和工程措施两个方面。前者指植树、植草皮、封山育林等工作；后者为在斜坡上作鱼鳞坑、梯田、开辟排水渠道或填土以及修筑沟底工程等。

②崩塌

山坡、陡岩上的岩石，受风化、地震、地质构造变动或施工等的影响，在重力作用下，突然从悬崖、陡坡跌落下来的现象，称为崩塌。崩塌的危害很大，常造成建筑物破坏甚至道路被毁，河流堵塞等。对于大型山崩，在选择建设用地时，应该避开。对于可能出现小型崩塌的地带，应采取防治措施。

③滑坡

斜坡上的岩层或土体在自重、水或震动等作用下，失去平衡而沿一定的滑动面向下做整体移动的现象称为滑坡。滑坡多发生在山地、丘陵地区的斜坡以及河岸、路堤或基坑等地带，滑动面小则几十平方米，大则几平方公里，它对工程建设的危害很大，应给予足够重视。

④断层

断层是岩层受力超过岩石本身强度时，破坏了岩层的连续整体性而发生的断裂和显著位移现象。断层带系介于断层两部分之间的破碎地带；断距是两部分相对位移的距离。断层会造成许多不良的地质现象，如使岩石破碎；断层破碎带为地下水的通道，因而加速岩石风化；断层的两部分岩性不同，可能产生不均匀沉降，造成建筑物的破坏，尤其是地震区，其危害更大。因此必须避免把场地选择在地区性的大断层和大的新生断层地带。而且要针对其断距的大小分别给以处理措施或取舍。

⑤岩溶

岩溶是石灰岩等可溶性岩层被地下水侵蚀成溶洞，产生洞顶塌陷和地面漏斗状陷穴等一系列现象的总称。我国石灰岩地层形成的岩溶地区分布很广。在这些地区选择用地和进行总平面布置时，首先要尽量了解岩溶发育的情况和分布范围，在详尽的地质勘察的基础上，决定建筑物、构筑物的布置及所应采取的防治措施。

⑥采空区

地下矿藏经过开发后，形成采空区。地层结构受到破坏而引起的崩落、弯曲、下沉等现象称采空区陷落。由于矿层埋藏深度、地质构造和开采情况不同，对地面的影响也有大有小，需酌情决定建筑的布置及所应采取的防治措施。

3.1.4 水文条件

（1）水文条件

主要指地表水体，如江、河、湖泊、水库等对建筑场地及工程建设的影响。

这些水体，不但有时可选作水源，而且在水运交通、改善气候、排水防洪、稀释自净污水及美化环境等方面发挥着作用。但某些水文条件，如洪水侵患、年水量的均匀性、流速变化、水流对河岸的冲刷及河床的泥沙淤积等等，也会带来不利的影响。因而有必要对水体的流量、流速、水位等水情资料进行调研分析。

（2）场地排水条件

场地地表高差变化决定了地表径流方向。

进行场地设计，必须考虑场地排水的方向及坡度，排入水体、排入点的位置、高程以及允许排入的水量、水质要求等，事先对场地的排水方案进行研究并选择。因此，还应考虑到地形上方汇水流经场地的可能与处理，以及场地因地形变化需从不同方向向外排水的问题等。

（3）水文地质条件

系指地下水的存在形式、含水层厚度、矿化度、硬度、水温及其动态等情况。

其中与场地设计最直接相关的就是地下水位，如果过高将不利于工程的地基处理及施工条件，必要时可采取措施降低地下水位。

地下水常被选定为取水水源，但应注意水质污染等问题。地下水的盲目过量开采，可能引起地下水漏斗的出现，甚至引发地面沉降，使江、海水倒灌或地表积水，给工程建设带来不利影响。

（4）场地防洪

①洪水发生的可能

洪水发生的可能是由以下因素构成，历史最高洪水水位、洪水频率（系指某一程度洪水发生的可能性，如百年一遇、五十年一遇等），洪水起始日期、持续时间、淹没范围等。

②洪水的成因

应根据降水情况、汇水面积等进行具体分析，并研究其成因及排除方式与可能等。

③所在地区及建筑对防洪的要求、标准及应采取的措施等等。

3.2　场地的人工环境条件

建设条件包括了区域环境条件和场地地段环境条件，前者是指场地在区域中的地理位置和环境生态状况与环境公害的防治，后者包括下列内容：

（1）周围道路交通条件

场地是否与城市道路相邻或相接，周围的城市道路性质、等级和走向情况，人流、车流的流量和流向。

（2）相邻场地的建设状况

基地相邻场地的土地使用状况、布局模式、基本形态以及场地各要素的具体处理形式，是基地周围建设条件调研的第二个重要组成部分。场地要与城市形成良好的协调关系，必须做到与周围环境的和谐统一。

（3）基地附近所具有的一些城市特殊元素

　　场地周围已存在一些比较特殊的城市元素，比如城市公园、公共绿地、城市广场或其他类型的自然或人文景观等，对场地设计会有一些特定的影响。

　　（4）现状建筑物

　　现状建筑物的用途、质量、层数、结构形式和建造时间。

　　（5）公共服务设施与基础设施

　　场地设施主要有公共服务设施和基础设施两大类。前者包括商业与餐饮服务、文教、金融办公等，后者是指基地内现有的道路、广场、桥涵和给水、排水、供暖、供电、电信和燃气等管线工程。

　　（6）现状绿化与植被

　　基地中的现存植物是一种有利的资源，应尽可能地加以利用，特别是对场地中的古树和一些独特树种，更应如此。

　　（7）文物古迹

　　场地内，如有重大历史价值的文物，应注意保护。

3.3　场地的社会环境条件

　　场地的社会环境包括历史环境、文化环境以及社区环境、小社会构成等。场地设计具有建筑实践的社会属性，因此设计时不能回避社会实践的复杂环境，而且应将此环境中的种种因素充分调动起来。

　　社会中各种活动的综合促进了社会的发展，推动了社会的进步，这些活动大体上包括政治活动、经济活动、社会活动、文化活动以及社会习惯、民俗风情、地方传统等，这些都直接影响着建造活动和建筑文化活动及其表现。人类历史的发展和运动，可以认为是人在一定的社会制度下活动的轨迹。在社会里，人类意识观念、决策观念以及社会各种活动观念，都直接地或间接地影响城市和各种建造活动（发展的、保护的或破坏的），影响一切建造的模式、形态、风格等。

　　文化正在世界化，但世界性的文化是不存在的。文化是具有地方性的，它属于某一地区、某一景色。文化在法语里有两个涵义：第一个是指艺术、科学或战争留下的痕迹或回忆的总和。它的意思与记忆相通。第二个是农业的涵义，是指从土地上提取对人和动物有用的植物的一切活动。这两个涵义的总和表明所有与记忆相通的文化都与其所处地点的特殊性有紧密的关系。所以，对于拟建场地如何保持文化的可持续发展是非常重要的。

4

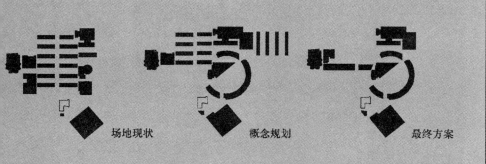

场地现状　　　　概念规划　　　　最终方案

场 地 设 计

4 场地设计

场地设计应该和建筑设计一样具有过程性及可操作性，我们先比较一下国内外的基本建设程序，见表4-1。

表4-1 国内外基本建设程序的比较

国家名称	中国	美国	英国
基本建设程序	编制项目建议书	设计前期工作	立项
	编制可行性研究报告	场地分析	可行性研究
	项目评估	方案设计	设计大纲或草图规划
	编制设计文件	设计发展	方案设计
	施工准备	施工文件	详细设计或施工图
	组织施工	招标或谈判	生产信息
	竣工验收	施工合同管理	工程总表
	交付使用	工程后期工作	指标
			合同：项目计划 施工 竣工验收及工程反馈

由表4-1，我们看到中、美、英各国的建设程序的不同，英美非常强调设计前期，尤其美国把场地分析强调为一个环节。应该说设计前期工作、场地分析、方案设计、设计发展这四个过程均含有场地设计的内容。理论上，每一块场地，都有一种理想的建设用途；反过来，每一个建设用途目标，都要有一块理想的场地来实现，任何建设行为都不能离开场地环境而存在。场地设计自然也应该遵循设计的一般程序，包括场地策划、场地选择、场地规划等设计环节。

4.1　场地策划

　　根据项目建议书及设计基础资料，提出项目构成及总体构想，包括：土地利用规划、环境关系、空间要求、空间尺度、空间组合、使用方式、环境保护、结构选型、设备系统、建筑面积、工程投资、建筑周期等，为进一步发展设计提供依据。

　　当今正处在一个电子技术爆炸的时代，这对规划设计师仅仅依赖于本能和直觉进行设计是一种挑战。信息前沿的扩展好比一个"知识"的球体在以指数速度向外扩张。每个人都有机会从这股知识洪流中感知周围环境协调因素的答案。作为社会的规划设计师，每个人都有一种感知周围环境协调因素的本能，并寻求用人性化的可行方案来解决。我们共同的立场是：所有建设活动的目的都是满足人类的需求和愿望。

　　在建筑设计、景观设计以及工程设计中，首先应该清楚认识的是：我们要设计的是什么。然而，实际情况并非如此，许多完成项目的功能，实际上偏离甚至与规划的用途相抵触。其原因可能是选址不当，或者是设计欠佳，或者是没有明确表达意图，而通常的失败根源在于：从未经过全面的策划，整个项目未经过周密的构思与设想。

　　作为规划设计师，圆满完成场地的规划设计任务是我们义不容辞的责任。为了达到这个目标，我们首先应理解项目的提出背景、功能要求、建设计划等特点。编制一个全面实施计划是至关重要的。通过研究和调查，我们最好向所有参与人员咨询。尤其是未来的业主、潜在用户、管理人员、项目运行的维护人员、同类项目的规划人员、合作者，以及任何能提供建设性意见的人。我们应该组织一个准确翔实的要求清单，以此作为设计的基础。

　　设计任务主要是以任务书的形式提出的，任务书是由业主提出的一种书面形式的文件，其中包括了任务的基本组成。除任务书外，业主可能还会有一些要求通过与设计者对设计任务的商讨而提出来，作为对任务书的补充。这种以讨论的形式所提出的设计要求往往更为重要，同任务书相比，它们能更直接地反映业主的意图。设计者所接到的设计要求时，情况可能多种多样。有的会比较具体，可能场地已经选定；有的会比较有弹性，提供可供选择的场地，供设计者进行选址论证。无论是前者还是后者，仅仅把业主提出的内容作为设计的依据是不够的，也是不全面的，每一建设项目都有它内在的规定，有它特定的要求，业主的要求与这些内在规定性常常并不十分吻合。

　　一是任务书反映得不够全面，这时就要为业主的要求加以补充；如在展览馆、影剧院、体育馆等类型的项目中，集散人流的广场是必不可少的，但却不一定会在业主的要求中有体现；在医院、商场、实验室等类型的项目中，货物的装卸场、相应的货车临时停放场也是必备的，但业主的要求中也常常不会直接涉及。一般来说，业主所要求具有的内容都是为直接的使用目的而服务的，而间接涉及的其他内容则不易被业主所注意到，也就不会反映在他的要求之中。因此对项目内容组成的掌握，不能仅局限于业主明确提出的那一部分，还应从项目的自身特性出发，找出相关的其他内容。

　　二是任务书常与内在的规定性内容相冲突，这时就要对业主要求中的不合理地方加以修正。场地设计不仅要重视业主所提出的要求，更应重视对项目的内在规定性的研究，这样才能使设计的依据更加合理、更扎实，对设计任务的把握更全面。

对设计任务的认识可以从三个方面入手：项目的内容、项目的性质和项目的使用者（即服务对象）。如果对这三方面都有了充分认识，那么对设计任务的理解也就比较全面和深入了。需要指出的是，这三个方面并不是相互孤立的，而是有紧密联系的。一般来说，项目的内容决定了它的性质和服务对象，但这其中也存在着反作用，特定的性质和服务对象也会要求项目有特定的组成内容，这也是建设项目内在规定性的一种体现。因此对这三方面的认识应看到它们之间的相互决定关系，不能仅仅从其中的一个角度去单向地理解，而是要双向地考虑问题，找到其中的平衡点。这是认识设计任务的一个基本要求。

4.1.1　场地策划的涵义

"策划"通常被认为是为完成某一任务或为达到某一预期的目标，对事件所采取的方法，对途径、程序等进行周密和逻辑的考虑而拟出的文字与图纸的方案计划。

在建设项目的目标设定阶段，一般要综合考虑对场地的利用以及项目内容的预期，我们称之为项目的总体规划阶段，其后为了有效地实现这一目标，对其方法、手段、过程和关键点进行探求，从而得出定性、定量的结论，以指导下一步的建筑设计，这一研究过程就是"场地策划"的过程。

场地策划是特指在建筑学领域内建筑师根据总体规划的目标设定，从建筑学的学科角度出发，不仅依赖于经验和规范，更以实际调查为基础，通过运用计算机等近现代科技手段对研究目标进行客观的分析，最终定量地得出实现既定目标所应遵循的方法及程序的研究工作。它为场地设计能够最充分地实现总体规划的目标，保证项目在所建设场地内完成之后具有较高的经济效益、环境效益和社会效益提供科学的依据。简言之，场地策划就是将建筑学的理论研究与科技手段相结合，为总体规划立项之后的建筑设计提供科学的设计依据，前期策划至关重要，直接影响未来的宏观效益。

4.1.2　场地策划的范围及内容

（1）场地策划的研究范围

场地策划是介于总体规划和建筑设计之间的一个环节，其承上启下的性质决定了其研究领域的双向渗透性。它向上渗透于宏观的总体规划立项环节，研究社会、环境、经济等宏观因素与设计项目的关系，分析设计项目在社会环境中的层次、地位、社会环境对项目要求的品质，分析项目对环境的积极和消极影响，进行经济损益的计算，确定和修正项目的规模，确定项目的基调，把握项目的性质。它向下渗透到建筑设计环节，研究景观、朝向、空间组成等相关因素，分析设计项目的性格，并依据实态调查的分析结果确定设计的内容以及可行空间的尺寸大小。

场地策划不同于总体规划。总体规划是根据城市和区域各项发展建设综合布置方案，规划空间范围，论证城市发展依据，进行城市用地选择、道路划分、功能区分、建设项目的确定等等。它规定城市和区域的性质，如政治行政性、商业经济性、文教科技性等等，但对具体的建设项目不作过细的规定。总体规划确定城市、区域、聚落的位置选择，如沿海、山区等等。它规定城市中心的位置，重要建筑的红线范围，进行交通的划分和组织，但不规定建设项目的具体朝向和平面形式。而场地策划则是受制于总体规划，在总体规划所设定的红线范围内，依据总体规划所确定的目标，对其社会环境、人文环境、物质环境进行实态调查，对其经济效益进行分析评价，根据用地区域的功能性质划分，确定项目的性质、品质和级别。

场地策划不同于建筑设计。建筑设计是根据设计任务书逐项将任务书中各部分内容经过合理的平面布局和空间上的组合在图纸上表示出来以供项目施工之用。建筑师在建筑设计中一般只关心空间、功能、形式、色彩等具体的设计内容，而不关心与场地相关的设计任务书的制定。设计任务书一经业主拟定之后，除非特别需要，建筑师一般不再对其可行性进行分析，只是照章设计，直至满足设计任务书的全部要求。而场地策划则是在建筑设计进行空间、功能、形式、体形等设计研究之前对其内容、规模、性格、朝向、空间尺寸的可行性进行理性论证的过程，亦即对设计任务书的内容和要求进行调查研究和数理分析，从而修正项目立项的内容。简言之，场地策划就是科学地制定设计任务书，指导设计的研究工作。因此，我们可以把总体规划和场地策划之间的研究建筑、环境、人的课题作为场地策划的外延，而把场地策划和建筑设计之间的研究功能和空间组合方法的课题作为场地策划的内展，如图 4-1 所示。

图 4-1　场地策划的领域

（2）场地策划的内容

场地策划是研究建筑设计的依据，是空间、环境的设计准则，它包括以下几个部分：

①建设目标的确定；

②对建设目标的构想；

③对构想结果、使用效益的预测；

④对目标相关的物理量、心理量及要素进行定量、定性的评价；

⑤设计任务书的拟定。

首先，场地策划目标的明确要与建设地段乃至城市建立信息反馈关系。由对场地所处的地段环境的分析结果考察设计目标的可行性。其次，是对建设目标的构想。即既定目标与人们使用要求相适应，在充分满足和完成各种使用功能的前提下，对所需的设施、空间的规模进行设定工作。它要求建筑师把人们的使用要求艺术化地转换成建筑语言，并用建筑的语言加以定性的描述。其研究的方法从直观的设想到理性的推论并非只是唯一的答案。这种构想不仅是存在于观念中的建筑型制，其意义的体现必须通过物质性载体来实现。

对构想的结果进行预测是对构想可行性的最好检验。在这里，建筑师可以凭藉自身的经验，依建筑模式模拟建筑的使用过程。但遗憾的是，预测的方法目前还只停留在经验模拟阶段，还有待于向逻辑化、理想化方向发展。

基于预测的结果，接下来就可以进行目标相关物理量、心理量的评价了，按照预测模拟的建设目标的构想，进行多方位的综合评价。显然，由于建设目标的不同，项目性质、使用的侧重点不同，各相关量的评价标准和尺度也就各种各样。多元多因子的变量分析评价法可使其得到较满意的解决。

这样，目标设定、构想、预测、评价、建设项目的各项前提准备就基本完成了。将这一过程用建筑语言加以描述，进行文字化、定量化，就可以得出建设项目的设计任务书，设计任务书经过标准化处理就可以成为下一步建筑设计的依据了。

场地策划受总体规划的指导，并为达成项目既定目标准备条件、确定设计内涵、构想建筑的具体模式，进而对其实现手段进行判断和探讨。归纳起来可以有以下五个内容：

①对建设目标的明确；

②对建设项目外部条件的把握；

③对建设项目内部条件的把握；

④建设项目具体的构想和表现；

⑤建设项目运作方法和程序的研究。

在这里，"目标设定"这一点与建设地段乃至城市建立信息反馈关系，它原本属于总体规划立项范畴，而具体的建筑造型等则属于设计的范畴。之所以再三地将场地策划如此划分，也正体现了其研究领域的双向渗透性和与建设程序的前后阶段的因果反馈关系。

一般来讲，对建设项目的目标确定，总体规划是决定性的、指导性的，但对建设场地的规模、利用情况、性质研究，场地策划则很关键。实际上，这种总体规划、场地策划、建筑策划对项目目标的研究，并不总是由总体规划开始到场地策划再到建筑策划的单项流程。通过场地策划的实现条件和手段，依据预测评价的定性和定量的结果，不断反馈修正总体规划的情况并不少见。

场地策划和建筑设计的关系似乎也是如此，对于场地策划来说，从决定建筑的性质、规模、利用方式，到拟定设计任务书，如果没有具体的建筑构想和方案，也是不行的。这种探讨性的方案设计也就是我们通常所说的"概念设计"。但同时我们也要清楚，场地策划的概念设计应属于场地策划的范畴而不是建设项目的正式设计，它只是场地设计的一部分，建筑师只是依据这种探讨性的设计方案来为场地策划的其他内容提供参考。但毕竟这一环节具有了建筑设计的某些特性，因此，我们认为场地策划和建筑设计的分界也非截然。

既然如此，场地策划与前期的总体规划立项和后期的建筑设计阶段之间建立信息反馈程序就变得异常重要，而且场地策划的内容中也应包含这些环节。

4.1.3 场地策划的程序

在具体的建设项目策划中，其目标确定、空间构想、预测和评价等内容是相互交叉进行，且互为依据和补充的，所以各个环节的逻辑顺序并非一成不变。一般项目的场地策划程序可以概括为如下几个方面。

（1）外部条件的调查

这是查阅项目的有关各项立法、法规与规范上的制约条件，调查项目的社会人文环境，包括经济环境、投资环境、技术环境、人口构成、文化构成、生活方式等；还包括地理、地质、地形、水源、能源、气候、日照等自然物质环境以及城市各项基础设施、道路交通、地段开口、允许容积率、建筑限高、覆盖率和绿地面积指标等城市规划所规定的建设条件。

（2）内部条件的调查

这是对场地内建筑功能的要求、使用方式、设备系统的状态条件等进行调查，确定项目与规模相适应的预算、与用途相适应的形式以及与施工相适应的结构条件等。

（3）目标的确定

这是根据总体规划以及场地的内部、外部条件，明确项目的用途、使用目的，确定项目的性质，规定项目的规模（层数、面积、容积率等）。

（4）空间构想

又称为"软构想"，它是对总项目的各个分项目进行规定，草拟空间的使用功能，确定各空间的面积大小及使用方式，对场地布局、分区朝向、绿化率、建筑密度等进行构想，并制定各空间的具体要求，此外对平、立、剖面、风格等特征进行构想，确定设计要求。同时对空间的成长、感观环境等进行预测，从而导入空间形式并以此为前提环境对构想进行评价，以评价结果反馈修正最初的设计任务书。

（5）技术构想

又称为"硬构想"。它主要是对场地内的工程规划及建设项目拟采用的建筑材料、构造方式、施工技术手段、设备标准等进行策划，研究建设项目设计和施工中各技术环节的条件和特征，协调其他技术部门的关系，为项目设计提供技术支持。

（6）经济策划

根据软构想和硬构想委托经济师草拟出分项投资估算，计算一次性投资的总额，并根据现有的数据参考相关建筑，估算项目建成后运营费用以及土地使用费用等可能的增值，计算项目的损益及可能的回报率，做出宏观的经济预测。经济预测将反过来修正软构想和硬构想。一般较小的项目可能无需这一环节，但大项目特别是商业性生产项目其经济策划往往成为决策的关键。

（7）报告拟定

这是将整个策划工作文件化、逻辑化、资料化和规范化的过程，它的结果是场地策划全部工作的总结和表述，它将对下一步建筑设计工作起科学的指导作用，是项目进行具体建筑设计的科学的合乎逻辑的依据，也便于投资者做出正确地选择和决策。

归纳场地策划的形式和运作模式可抽象概括为以下表述：认识——限定条件——解决方案——实施。这不是一个单向线性过程，而是一个不断反馈、循环的多变量函数的系统运行过程。

4.1.4 场地策划中应考虑的因素

（1）场地构成

①场地的建设项目构成及总体要求；

②场地的建设项目的主体与配套。

（2）空间关系

①场地与城市总体规划的关系；

②场地使用是否满足城市控制性详细规划的要求；

③场地内的建筑体型、平面形状对周围空间可能产生的影响。

（3）使用方式

①场地及其中的建设项目的使用性质；

②场地的行为展开模式；

③人文因素（民族、宗教、历史等）；

④地理因素（特殊性、相容性等）。

（4）环境保护

①场地使用方式及建设项目对环境可能造成的影响（环境保护评价报告）；

②有关部门对环境保护的要求。

（5）工程规划

①工程规划；

②竖向设计；

③管线综合。

（6）经济分析

①项目基础数据及主要参数测算（工程费用、成本测算）；

②收入及运营费用测算（各种收入、运营成本、税费等）；

③经济比较。

（7）工程投资

①场地开发的直接工程费用；

②其他费用；

③预备费（即不可预见费，含材料、设备价差及施工包干费等）。

（8）建设周期

①项目筹备周期；

②项目建设周期。

（9）选址与其他因素

①地理位置是否利于三通一平；

②气候条件、水质、水文、日照、冻融等对建筑形式及功能的影响；

③地下管网、设备、设施分布情况及相互关系；

④现有的水、电、路状况，现有基础设施情况；

⑤场地的经济分析；

⑥场地地界划分、使用权限等。

4.1.5 初步可行性研究

①建设项目提出的必要性和依据。

②建设规模和设计方案设想。包括对建设规模的分析、设计方案是否符合发展规划、技术政策等的要求。

③建设地点。包括自然条件和社会条件；环境影响的初步评价；地点是否符合地区布局的要求。

④资源供给的可能性和可靠性。

⑤主要技术工艺设想。主要单项工程与辅助、配套工程的总体部署设想。

⑥外部协作条件。包括原材料、燃料、电力、水源的供应可能和公用设施、运输条件等配合情况。

⑦投资估算和资金筹措方案。包括投资的依据和来源；建成后正常运转所需流动资金的估算额。

⑧建设工期预计。

⑨经济效益和社会效益的初步评价。

4.1.6 可行性研究

①项目建设的必要性和依据的进一步论证。

②建设规模和设计方案等的技术经济比较和分析。

③建设地址的比较与选择，提出专题报告。

④项目的构成；建筑标准。

⑤项目总图布置方案的初步选择和土建工程量估算。公用、辅助设施和场地内外交通运输方式的比较和选择。

⑥环境质量评价、环境保护和三废治理的初步方案。

⑦建设项目总投资的估算。投资来源、筹措方式和贷款的偿还方式。生产流动资金的测算。

⑧建设实施进度安排。

⑨项目的经济效益和社会效益分析。

⑩附图，包括所有涉及要素的图示化（图解）文件。

通过以上的工作，对项目的功能要求、服务对象、环境影响等都有了比较明晰的抽象图解，这些资料融汇古今精华，均是基于严密的逻辑思维的结果，对将来进一步的形象化、量化具有非常重要的指导作用，以此作为选址和进行下一步设计的第一手材料。这些都属于场地前期策划的内容。

例如进行城市广场设计，应首先明确广场的功能定位，是市政广场、休闲娱乐广场、商业广场，还是其他什么广场；再如，进行商业中心设计，应首先明确设置哪些内容，服务对象是谁？是整个城市，还是为某一社区等等。然后再广泛调查，查阅古今中外的相关资料，提出建议性的选址建议。

4.2 选址

俗话说"一个萝卜一个坑"，选址意味着规划设计师前期策划的场地内容与拟建场地"联姻"，只有我们的前期策划转化为现实，我们的工作才有价值。

"相地"是中国踏勘选定园林地域的通俗用语。相地的现场踏勘，环境和自然条件的评价，地形、构图关系的设想，内容和意境的规划性考虑，直至基址的选择确定。明末造园家计成所著《园治》一书中有"相地"一章。计成在书中介绍了他做相地工作的实际经验，并突出了勘察中的关键事项，认为园基选择不拘朝向，其重点应着眼于造景的有利条件；在勘察过程中要注意地势，要同时展开造景构图的设想；园林布局必须重视水文和水源的疏理问题；选址要考虑建园的目的性；要重视原有植物特别是大树等的保护和利用。书中还把园址用地归纳为六类：即山林地、城市地、村庄地、郊野地、傍宅地、江湖地，并分别对六类用地进行评价，认为最理想用地为山林地。场地设计的选址及相关的设计问题与计成的"相地"说极其相似，它自宏观及微观方面的论述对场地设计不无启迪。

然而现实情况不容乐观，如行政领导的干预再加上一些不负责任的规划设计师的失职，有可能使场地的规划设计整体结果差强人意。这样的例子比比皆是：

没有足够停车空间的购物中心；

对城市干道开口的各类学校；

没有足够集散场地的影剧院、体育场馆；

过境交通穿越场地；

尺度不正常的场地设计，或空旷，或拥挤；

等等。

场地选择也就是根据项目建议书或业主的要求，组织收集、整理、分析必需的设计基础资料，了解规划及市政部门的要求，从技术、经济、社会、文化、环境保护等各方面，对场地开发做出比较和评价。

场地选择既有宏观的考虑也有微观的考虑，宏观指的是在某一大的区域内选择场地建设的用地；微观指的是在选定的用地范围内确定具体的建设用地，例如注册建筑师考试题目往往是给出比较大的用地，然后确定出最适合某种用途的具体场地建设用地。

为了使规划设计的场地功能更好的展开，建议对可供选择的场地作如下内容的分析，进行比较性研究，以便选到更合适的场地。

4.2.1 区域影响

区域影响重点强调的是规划场地与其所处区域的关系，场地个体本身的自然条件、人工条件、社会条件等在前面章节中已详细论述。只有与周围环境和谐共存，才能达到共性与个性的和谐统一。场地分析的程序通常从对拟建场地在地区图上定位，以及对周边地区、邻近地区规划因素的粗略调查开始。从地质调查图、道路图、各类规划报告以及所有媒体中可以得到许多有用的东西，如周围的地形特征，土地利用情况，道路和交通网络，休闲资源以及就业、商贸和文化中心等，所有这些一起构成了与建设项目相关的外围背景。

规划场地的建筑条件和自然条件共同构成场地设计的基础。如果基地处于城市之外的环境之中或城市的边缘地段，这时基地常常会是一块从未建设过的地块，其中不存在从前建设的存留物。基地周围的状况也会大体如此，或是未经建设的，或是建设强度很低，各种人工建造物的密度很小。那么基地的建筑条件是比较简单的，它对场地设计的制约也是较弱的。这时，自然条件会成为基地条件中的主要部分，也是基地对设计制约中的主导因素。

图 4-2 中所示建筑及彩图 10～12 河北省水上项目训练中心都充分考虑了地形的影响，沿等高线布置，以减少土方量，方便使用。

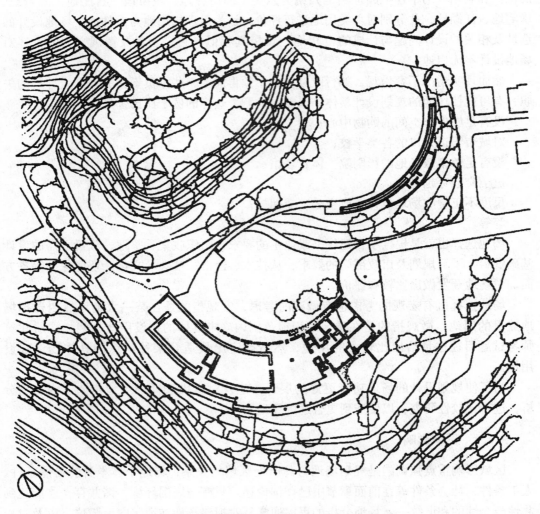

图 4-2　建筑受地形影响，沿等高线布置

当基地处于城市之中时情况会大为不同，当基地是一块曾经建设过的地块，其中会存在一些建筑物、道路、硬地、地下管线等人工建造物，基地经过了人工整平，自然形貌已被改变。更为重要的是无论基地内部情况如何，是否为一块使用过的地块，有无人造内容，一般来讲基地周围的建筑条件会复杂得多，也更重要得多。城市中建设的强度都很大，各种人工修建物的密度高，场地与城市之间，场地与相邻场地之间无论在使用上还是在形态构成上的关联都是紧密而直接的，场地设计虽然是要解决场地内部的问题，但考虑问题的着眼点却不能仅局限于基地之内，而是应将场地看成是整体城市环境的一个组成部分，把场地内的问题放到城市的背景环境中来看待。在宏观调控作用下，充分利用不同场地各自的特点和优势，最大限度地发挥场地之间互补的整体优势和综合比较优势，通过场地设计，不仅要优化场地内的环境，而且应促进整体城市环境的改善。这样，场地与它周围城市环境的衔接与融合就十分重要了。也因为如此，基地周围的城市环境对设计就具有了重要的影响。这也就意味着，当基地处于城市之中时，其建筑条件对场地设计的制约作用会大大增强而上升为基地条件中的主导因素。

4.2.2 地形测量及初步勘察

选址确定后，要进行准确的地形测量，也就是获得地形图，按一定比例尺表示地物、地貌的平面位置和高程的正投影图。地貌一般用等高线表示，地物按图示符号加注记表示。

在获得准确的地形图后，对计划选用的场址应进行现场勘察。其目的是基本查明工程地质条件，对场地内各建筑地段的稳定性做出评价，为确定建筑总平面布置，主要建筑物地基基础设计方案及不良地质现象的防治方案做出论证。初步勘察应在可行性研究勘察的基础上，根据选定场区的地质条件的复杂程度和建筑物类别进行必要的勘探和测绘调查，其主要工作内容有：初步查明地层、构造及岩土的物理力学性质；初步查明地下水埋深条件及冻结程度；查明不良地质现象的成因、分布范围、对场地稳定性的影响程度及发展趋势；对设计地震烈度为Ⅶ度及Ⅶ度以上的建筑物，还应判定场地及地基的地震效应等。初步勘察时，勘探线、点间距及勘探孔的深度可根据建筑物的等级及岩土条件按有关规定予以确定。

在规划阶段的早期准备好地质勘探资料底图是很有裨益的。它将为以后的所有图纸提供一个版式。大多数场地及建筑物研究、概念规划以及方案草图都将在此基础上进行。

如图4-3是拟建学校的一张地形测量图，地形图应尽量反映场地的自然状况，要求的信息如下：

场地的位置，比例尺，指北针；

用地边界，道路，距离，坐标。计算和标出土地面积；

建筑退红线，公共交通用地，道路用地边界；

当地及附近地产产权单位的名称；

当地及附近街道的名称和位置。显示道路用地边界，排水沟的类型、位置、表面宽度及中心线；

房子以及其他建筑物包括宅基、码头、桥、阴沟、井和蓄水池的位置。

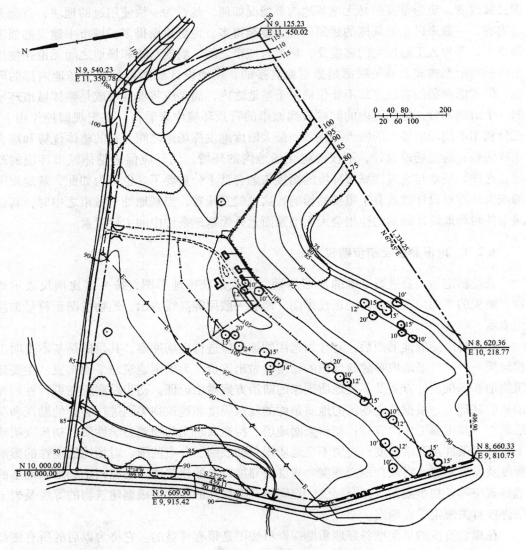

图 4-3 拟建学校的地形测量图

场地建筑物包括墙、篱笆、道路、车道、路牙、排水沟、阶梯、人行道、小径、铺装地等的位置，标明表面或材料的类型。

已有的本地块或相邻地块中雨水、污水排放通道的位置、类型、大小和方向。给出其他排水管道、检测井和管道的高程。水、气管道、检查井、阀门箱、消火栓和其他附件的位置、所有权、类型、大小。电话、市政线杆和火警系统的位置。对于没有经过该场地的一些公用设施，如有必要，用图示方式表明场地外最近的接口，给出相关接口的类型、大小和所有权的信息。

水体、河流、泉水、沼泽或林中湿地、排水渠及低洼地的位置。

林地的轮廓。在标记的区域以内指出所有需保留的树木，给出树木大约的直径和俗名。

道路高程，道路中心线、地产一侧排水沟水流线的高点或低点、路牙顶部和底部的高程都要测量。同时应该指出相邻街道和道路相交处相关的坡度。

4.2.3 场地分析图

在对场地及其本性进行深刻评价中，场地分析图的制备不失为最有效的途径之一。规划设计师根据测量部门提供的地形测量图纸，以自己的符号记下实地观测中得到的补充信息，从而丰富了测量的记录内容，这些内容可以说带着规划设计师的情感，是以规划设计的独特视角来观察问题，是有目的、有意识的分析记录，描述了在规划中涉及到的各种场地状况。这些补充信息一般包括如下内容：

①积极的自然特征，例如泉水、池塘、溪流、岩墙、造型树、有用的灌木丛以及已有植被，所有这些都应尽量保留。

②初步确定各类功能用地的边界。

③消极的场地特征或危险，比如：荒废的建筑物、有毒的废弃物、已经死亡或有病害的植被、蔓延的杂草、表土侵蚀以及塌方、沉降、洪涝灾害等的不良地质的迹象。

④连接道路的车辆流动方向和相对容量；人行步道、自行车道、车行道的节点设计计划。

⑤场地进出口的合理地点，如何处理内、外的交通。

⑥潜在的建筑物位置，功能分区以及场地动线（人流、物流、车流、设备流）。

⑦确定建筑在地段中的位置，要避免存在的对附近建筑和地段的遮挡。建筑的体形可以基于地段的日照包络线，这一点影响到毗邻地段潜在的太阳能利用以及冬天的日照情况。

⑧建筑物对环境的影响，检验建筑生成物中材料和能源流动带来的环境影响。

⑨需要引入的景观，以及需要屏蔽的不良视区。

⑩冬季主导风向以及夏季主导方向，减少风对步行者和周围建筑的影响，最大限度利用自然通风。

⑪检验室外噪音和可能对未来建设的影响。

⑫场地的建设会带来哪些便利，又会对周围造成什么影响。

⑬对场地及其环境的生态和小气候进行分析。

⑭邻接地块的所有权，地产线。

⑮场地中已显示的各类市政设施管线，市政设施管线的设计线路和数据。

⑯进入场地的已有道路、车行道及步行道路的格局。

⑰邻近道路的交通量调查。

⑱区划限制、建筑条例以及建筑红线、退线。

⑲是否在挖空区域，矿产权、地下矿藏资源怎样。

⑳可供场地使用的水质及水量。

㉑建筑施工的影响。建筑施工操作不应当导致地段内以及附近地段的生态系统破坏。一个"可持续"的设计是成功的设计，它需要对施工、委托和建筑使用的控制给以格外的重视。需要承包商写进合同的环境操作包括：发展及实现该工程的环境方案；尽可能减少废物；充分利用能源及其他资源，防止污染；尽可能利用再生或可再生材料或部件；尽量减少交通需求（包括进、出的材料）；合理地处理不可避免的废物，包括完全服从有关法规，工程结束时清理现场，等等。

场地分析还应该包括业主、规划要求、基地、使用、造价、规范、进度等，这些都是局限性内容，场地设计的挑战是如何将局限性的消极条件转化为积极条件。

图 4-4 为拟建别墅的场地分析图，包括场地地形、气候、分区、视野及可利用资源分析，彩图 13－15 是石家庄卫生学校的场地分析及设计方案。

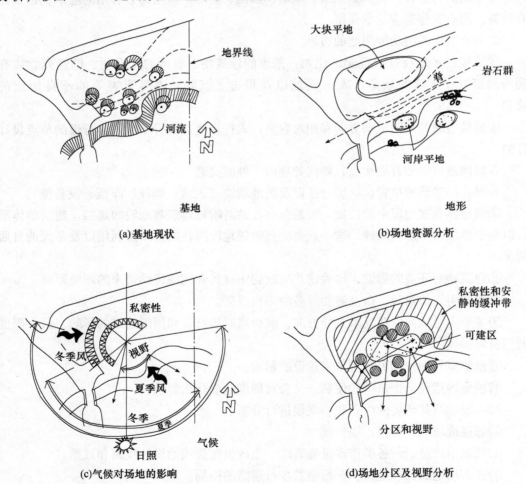

(a)基地现状   (b)场地资源分析

(c)气候对场地的影响   (d)场地分区及视野分析

图 4-4   拟建别墅的场地分析图

规划设计师通过自己习惯的绘图语言来表达这些内容，它将使规划设计师思如泉涌，提出解决相关问题的不同方案，最后达到选优的目的，寻找到合适的方案。

4.2.4 设计文件

通过以上步骤，可以搜集到可转化为设计要素的相关图纸文件及文本，这也是最初的设计文件，在以后的工作中，将这些分析结果转化为方案，并不断地找出问题，解决问题，并补充调整，在问题得到不断解决后形成满意的设计方案。

4.3 概念规划

4.3.1 意向方案研究

概念规划或者概念设计意味着考虑问题更宏观，高度概括地进行思考的非线性的思维方式，结果表达为意向性方案。

概念规划设计是一种可能用来背叛知觉的手段。

意向方案应是基于充分的逻辑思维的结果，是逻辑思维的图示化表达，也必须以图示化的形式表达才有意义。

概念思维方法实质上是限定问题的方式，即对某一事物是否可以转换视角去理解。从而加深对其的认识或发掘其最根本的性质，因此是分析梳理问题的工具。我们应当将建筑作为人造地形看待，应该是概念思维的产物。将单体建筑设计作为城市问题处理，是社会性的，同时也是概念性的决策。概念思维并不限于策略制订阶段，而是贯穿了整个工作过程。

在综合了必然限制条件后，概念便成为方案的思想，它凌驾于一切以上，甚至在方案产生之前便已形成。进行多方案论证的设计方法要求方案的最初概念要明晰。

意向方案研究是为研究可选方案所准备的。它们要保持简明的图解性以及高度的概括性，以便尽可能直接解释与特定场地相关的规划构思。随着对规划草案的完善，可以进一步对它们的优缺点作比较分析。

图 4-5 及图 4-6 为两所学校的意向方案研究

场地现状　　　　　　　概念规划　　　　　　　最终方案

图 4-5　某学校概念规划（一）

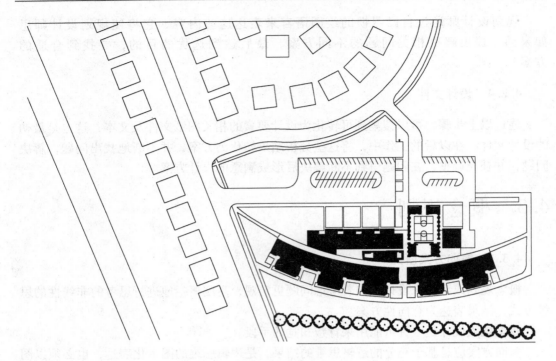

图 4-6 某学校概念规划（二）

图 4-7 为一城市广场的规划设计结构分析(a) + (b) + (c) + (d) + (e) = (f)

概念思维遵循"规划设计过程的共谋性原则"，规划设计师的设计方法不同于科学家的方法，一般说来，科学家从分析问题开始，以发现问题所包括的未知准则为出发点，称"聚焦于问题"的方法；而规划设计师则以尝试提出问题的解答为起点，是以猜想-分析为核心的设计过程模型，属"聚焦于解答"的方法。

注册建筑师考试中，场地设计作图题着重检验应试者的规划设计能力和实践能力，对试题能做出令人满意的解答是考试的关键，也就是说能针对试题很快地提出意向方案，其中包括：场地布置、竖向设计、道路、广场、停车场、管道综合、绿化布置等，并符合法规规范，考试不着重考应试者的绘画技巧，但应试者应该在最短的时间内提出合理解决问题的方案，以留出足够的时间去表达自己的方案。

4.3.2　方案比较研究

方案比较研究是方案优化的过程。

不合适的方案将被放弃或要加以修正。好的构思应当采纳并改进，其他讨论中新提出的方案应加入到方案列表中以供比较。只要有可能，所有建设性的思想和建议都要包括在内，减少负面的环境影响增进有益之处。

除构思方面的比较外，还有一些量化指标（如建筑密度、绿化率、容积率、造价等）的比较，从定性、定量的方面比较分析，总能对所有方案做出取舍。

学校的最终建成方案如图 4-8 所示。该方案由图 4-5 的概念规划发展形成。

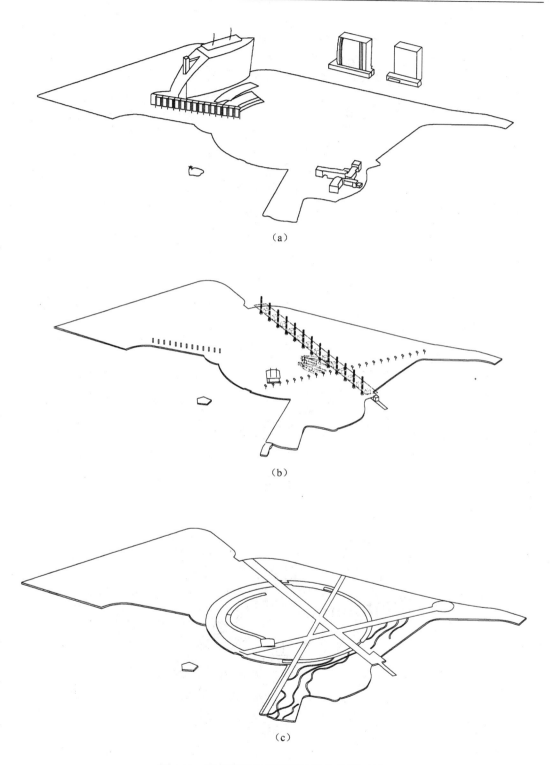

（a）

（b）

（c）

图4-7 城市广场的规划设计结构分析（1）

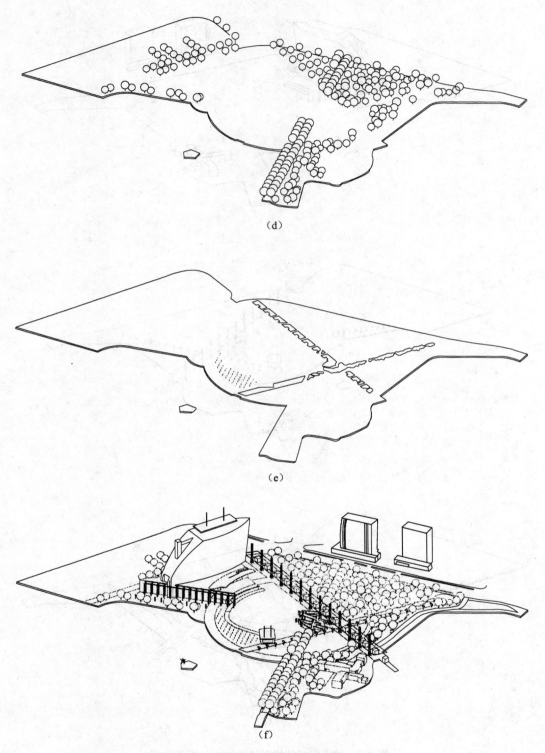

（d）

（e）

（f）

图 4-7 城市广场的规划设计结构分析（2）

4.3.3 初步规划

初步规划是概念规划的结果，是综合各种因素所得出的符合利益原则的方案。

彩图 1～彩图 8 为不同项目从分析到方案形成的示例。

当最有可能的方案已初具轮廓并已互相比较过后，选出最好的一个，并转化成初步规划和造价估算。

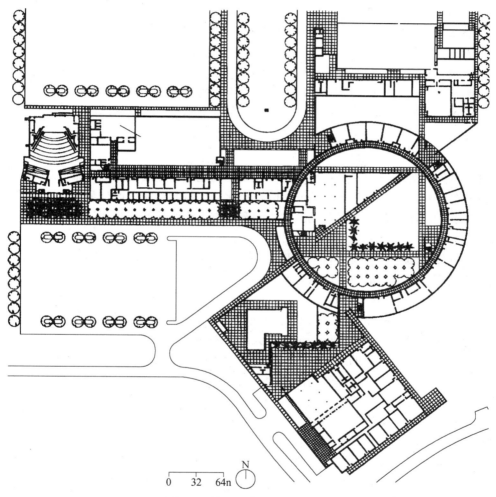

图 4-8　某学校建成的实际方案

4.4 规划设计

场地设计中最为关键的内容就是预定的项目在场地上是如何布局的——也就是说，建筑物和设施是如何组织的。场地的组织方式首先是由土地本身所决定的；其次，在不同程度上将由业主的价值取向、当地的法规条例、社区的标准以及项目本身的特点所决定，这些因素都是由设计师所认知并做出衡量判断的。

通过综合考虑这些多样化的参数，设计师可以想象出场地上各类景观特征的实际布局。为了能妥善地融合各方面的因素，设计师需要用实践经验和标准作指导，做出有专业水准的设计。

因此设计师的分析和对场地的敏感性将决定整个设计过程。对于场地的认知包括要了解其历史、潜在的景观生态价值、房地产价值及其在当地的政治和经济价值。场地设计是在设计目的和计划的指导下对于所有这些因素的一个综合；场地设计是实现立场、执行策略的手段；场地设计是资源组织，资源永远是有限的，然而不同的组织方法产生不同的效益。

一方面，从宏观的角度讲，决定场地的宏观形态形成的用地划分、建筑物布局、交通流线组织、绿化系统配置等项内容缺乏统筹运作；另一方面，自微观的角度讲，决定场地微观效果的道路、广场、停车场、场地竖向、管线设施、景园设施的详细设计等内容不够完善。宏观方面决定着场地的形态，微观方面则决定着场地的内容。

4.4.1　建筑布局

建筑物在场地上的定位是场地规划中建筑物功能规划方面的关键因素。场地规划师对建筑物的定位应使得其对于场地的影响最小化，而将其功能和设计最大化。选择建筑物定位时必须同时考虑日光对于场地的影响和土方工程的平衡，从而达到建筑物功能和美观上的平衡统一。

对于计划建造的建筑物进行定位是非常重要的，建筑物的定位决定了对于场地的影响程度和约束，集群式的建筑能减小受影响的场地面积，并使得设计师能够在设计中尽量减小道路的长度和铺砌面积。

建筑物在场地上的布局方式可能对于建筑物的能耗产生重要的影响。在北方地区，建筑物应定位在场地的北部地区，最好是大约上午9：00到下午3：00内能接收到最多光热的地方，不过应与邻近的地块保持一段距离，以防止未来的开发项目对建筑物造成阴影遮蔽。开放空间应定位在建筑物的南边。各类研究表明，南边敞开的开放空间比北边敞开的开放空间要有利于绿色植物的生长及各种活动的展开。

建筑物在场地上的朝向及外形也很重要，有些属于建筑节能研究的范畴，在此不作过多赘述。

（1）总平面设计的内容

基地总平面应根据可行性研究报告和城市规划的要求，对建筑布局、竖向、道路、绿化、管线和环境保护等进行综合设计。

优秀的建筑设计是不能脱离一定的总体关系孤立地进行的，而是把它放在一定的环境之中，去考虑单体建筑物与环境之间的关系，即：必须与周围的建筑、道路、绿化、建筑小品等有密切的联系与配合，同时还应考虑自然条件，如地形、朝向等因素的影响。

总体布局是带有全局性的问题，应从整体出发，综合地考虑组织空间的各种因素，并使这些因素能够取得协调一致，有机结合。单体建筑物对于总体布局来说，是一个局部性的问题，按照局部服从整体的设计原则，通常在考虑建筑设计方案时，总是先从整体布局入手，以期解决全局性的问题，只有这样才能使单体设计有所依据，才能赋予设计以创造性。

图4-3所示的地形图的建筑布局方案构思如下图4-9，实际方案如图4-10。

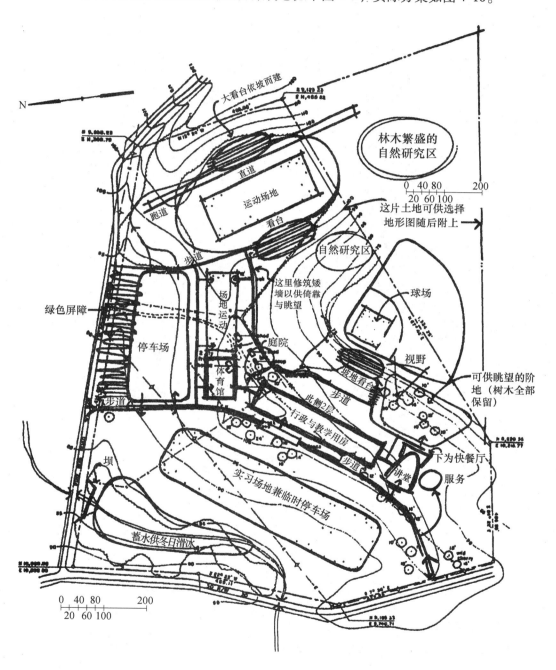

图4-9 规划草图（场地-构筑物）

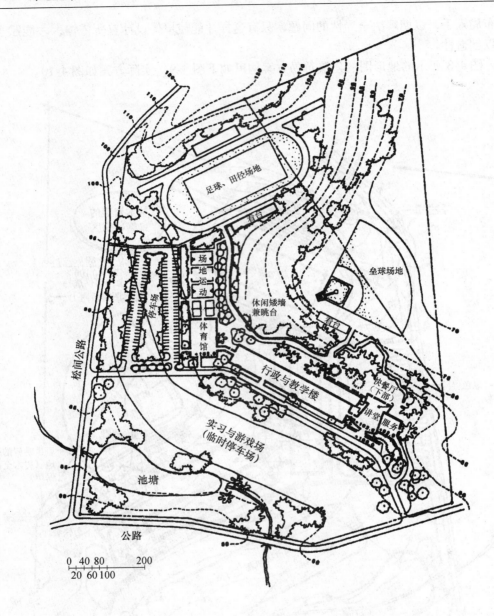

图 4-10 场地规划图（概念）

涉及建筑物及其周围场地时，设计者往往会碰到以下三种可能的情况之一：

①在一个场地上同时安排若干建筑物，如住宅工程、大学校园、商业开发区、办公或商业建筑群，等等；

②在场地上把单个建筑物作为独立的建筑来配置；

③在现有的建筑和场地上增建。

在第一种情况下，要考虑的问题是根据现有人工开辟或天然场地条件、建筑间距以及建筑物之间的功能或美学关系来正确布置各个建筑物。设计群体建筑（即建筑群）

时，整体设计往往更为重要，而不能把设计重点放在组成该群体的任何一个单体或单个建筑物上。在第二种情况下，只需考虑那幢单个建筑物本身。这时，或者把这一建筑物处理为场地上的视觉重点，或者使其成为与环境相协调的一个组成部分。建筑师们设计成功的许多作品都符合上述设计原则。在第三种情况下，通常指在现有场地上增建或改建，其任务是实现一个经过修订的方案，而这个新方案在结构和直觉方面更合理地利用了原有环境。

实践证明，只有对总体布局问题给予充分考虑，才能取得合理的室内外空间关系和适用、经济、美观的效果。这是因为合理的总体布局，能够解决建筑空间组合中的紧凑的问题；充分利用空间问题；争取良好的通风、采光、朝向及方便的交通联系等问题。另外，合理的总体布局，由于能够使建筑物与周围环境之间做到因地制宜、关系紧凑，从而具有很大的经济意义。合理的总体布局，还往往由于能够比较妥善地处理个体与整体在体量、空间、造型等方面的良好关系，使建筑物与周围环境相互协调，从而能够为建筑本身创造和谐的气氛，同时还能起到美化与丰富城市面貌的作用，这在建筑艺术问题上，也是一个极为重要的方面。

（2）建筑布局和间距

建筑布局和间距应综合考虑防火、日照、防噪、卫生等要求，并应符合下列要求：

①建筑物之间的距离，应满足防火要求；

②有日照要求的建筑，应符合当地规划部门的日照间距。日照间距是指前后两列房屋之间为保证后排房屋在规定日获得必需的日照所需要的水平距离；

③建筑布局应有利于在夏季获得良好的自然通风，并防止冬季寒冷地区和多沙尘暴地区风害的侵袭。高层建筑的布局，应避免形成高压风带和风口；

④采取综合措施，以防止或减少环境噪声。根据噪声源的位置、方向和强度，应在建筑功能分区、道路布置、建筑朝向、距离及地形、绿化和建筑物的屏障作用等方面采取综合措施；

⑤建筑与各种污染源的距离，应符合有关卫生的规定。

（3）建筑布局和基地环境

建筑群体组合设计是根据建筑群体的功能分区，在特定的基地环境中对建筑群体进行总体布局，比单栋建筑的组合设计要复杂得多，涉及的面更广，各种矛盾更为突出。故要搞好建筑群体的组合设计，就必须综合各种客观条件进行全面的分析比较，对各部分的主次、动静、内外、洁污等方面进行深入分析，以便获得良好的分隔与联系。

建筑群的总体布置必须首先对各建筑物的使用特点、功能要求以及它们之间的相互关系进行分析研究，方可对建筑群各部分采取一定的组织形式加以联系与分隔。建筑群的总体布置除对建筑物进行布局外，还应根据人、车的流向、流量布置道路系统，选择道路的横断面以及与城市干道的衔接，同时考虑绿化、建筑小品的布置，以达到美化环境的目的。

建设基地的环境对建筑群总体布置也有很大影响。如建设地段的大小、形状、朝向、地势起伏及周围环境、道路、原有建筑现状、城镇规划对建筑群的要求等，都直接影响着建筑群总体布置的形式。在进行总体布置时，由于结合地形特点，各单体建筑的内部空间组合与外部形象都可能有所变化，因此，在整个建筑群的设计中，必须做到群体与单体相互结合，相互协调，使之成为一个统一的整体。

（4）建筑群的环境质量

建筑群的外部空间设计除创造一个完美的外部空间艺术效果外，还必须满足一定的环境质量要求，达到一定的技术标准。技术标准主要是指安全（如防火、疏散、防震等）、卫生（如日照、通风、隔噪声等）、室外管线的铺设等方面对建筑群组合的要求。这些技术标准从技术角度对建筑群组合的好坏给予评价。下面仅对建筑朝向和间距的有关问题加以简略介绍。

①朝向。建筑群总体布局要为得到室内冬暖夏凉的环境创造条件。良好的建筑朝向可以让阳光和自然风起到调剂室内气温的作用。建筑朝向的选择应综合多种因素进行考虑，除以上因素外，建筑所处的地理位置、地方小气候都直接影响建筑朝向。因此，在建筑群总体布置时要按照具体情况具体分析，选择较为理想的朝向。

②间距。我们已经知道，建筑间距对单体建筑的组合有直接影响，同样建筑间距也直接影响着建筑群的总体布置。决定建筑间距的因素较为复杂，如房屋室外的使用要求、日照、通风、防火安全、建筑观瞻、施工及经济等都是确定建筑间距的依据，有时防火间距也可能成为确定建筑间距的主要依据。

③沿街建筑应设置连通街道和内院的人行通道（可利用楼梯间），其间距不宜超过80.0m；

④人员密集公共场所的室外疏散小巷，其宽度不应小于3.0m。

⑤3000座以上的体育馆、2000座以上的会堂及展厅面积超过3000m² 的展览馆等公共建筑宜设置环形消防车道。

⑥短边长度超过24.0m 的建筑物封闭内院则宜设有进入内院的消防车道；消防车道的净宽和净高都不应小于4.0m。

⑦场地内消防车道中心线的间距不宜超过160m。

⑧当建筑物沿街长度超过150m 和总长度超过220m 时均应设置穿过建筑物的消防车道。

⑨为保障消防用水的需要，场地内必须设置室外消防栓，一般应沿道路设置，并宜靠近十字路口；消防栓距路边不应超过2.0m，距房屋外墙不宜小于5.0m，其间距不应超过120m，保护半径不应超过150m。

（5）建筑高度

建筑高度应满足《民用建筑设计通则》（GB 50352—2005）中5.1关于建筑布局的规定。另外，建筑物具有限定空间能力，也就是可以围合空间或把一个较大空地进一步划小。由各个不同高度建筑物形成的这些空间是确定空间轮廓的主要因素，所以这些空间与那些由自然因素（如地形或植物）所划分的空间比较起来，具有更不相同的特征。由建筑物所环绕的室外空间往往与建筑物固有的明显边缘紧密相连（当然，除非建筑物被拆除，这些边缘会始终保持不变）。由各个建筑物所形成的各种空间的确切类型和性质，即使差别很小，但确实取决于限定空间的各个建筑物的高度、平面布局和建筑物本身的特征。上述诸因素中各个因素相互作用，从而影响形成的空间的同一性和直觉感。

围合空间的大小和空间感的强弱程度部分地取决于建筑周围墙体的距离与高度之比。如图4-11所示，当建筑周围墙体（距离与高度之比）为1:1或形成视觉锥形区时，就构成完全围合。距离与高度之比为2:1时就产生临界围合；其比例为3:1时，产生最小限度围合；而比例为4:1时，围合作用丧失。换句话说，当建筑物墙体形成并扩展到视觉锥形区以外时，我们就会产生最强的空间围合感。然而，当建筑相当低矮或距离太远，以致看起来只是较大环境中的一小部分时，我们就没有多少或完全没有围合感。

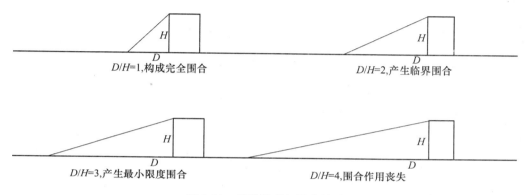

图4-11　建筑高度与围合关系

除绝对高度之外，高度本身一致也增强围合程度。建筑周围墙体高度方面应相对类似才会产生最强的围合感。围绕某一空间的建筑物墙体高度变化越大，该空间的清晰度就越弱。有关建筑高度的另一条准则是：一旦达到完全围合的距离与高度之比，建筑物越高，所围合的室外空间就越大。提出这条准则的原因在于避免在比例上把一个空间看成一个高度比宽度大得多的、给人深刻印象的竖向井状空间。

4.4.2　建筑总体布局中的群体设计

（1）群体设计的意义

在进行建筑总体布局设计时，不能只着眼于某一单体建筑，因为单体建筑只有与环境及其他建筑组合成为一个有机整体时才能完整、充分地表现出它的价值。

建筑是不能孤立存在的，它必须处于一定的环境之中，不同的环境对建筑产生不同的影响。因此，这就要求在进行群体组合时，必须密切考虑建筑物与环境之间的关系问题，力求建筑与环境相协调，建筑与环境融为一体，增强建筑艺术的感染力。相反，如果建筑与环境的关系处理得不好，甚至格格不入，那么，不论建筑本身有多完美，也不可能取得与环境和谐的形状、大小、起伏变化、道路走向等。群体组织中，除满足群体内部的功能要求外，必须充分考虑这些因素对建筑群体的影响。由于地形条件不同，有可能出现不同的群体组合方式，同时，群体组合也应充分体现出地形的特征，建筑群体与基地地形能巧妙地结合和利用，使之成为一个完美的整体。

图4-12是某文化资料馆的群体构成，它巧妙地利用了城市轴及风向轴，详见彩图31。

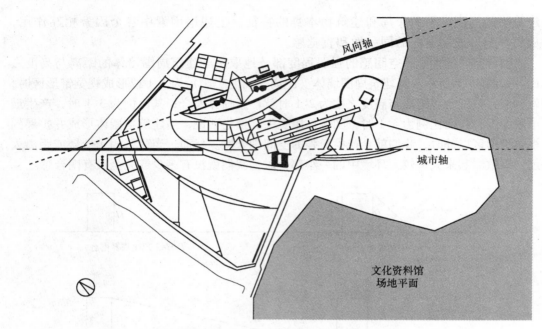

图 4-12 某文化资料馆的群体构成图

图 4-13 是河北省白沟镇的旅馆、居住、商业、餐饮规划设计的群体构成，巧妙地利用了城市地形，避开了地下输油管线及光缆。另外，此项目为改建设计，原设计只考虑了建筑主体，并且出入口朝向过境公路，此次结合场地进行了整体规划设计，参见彩图 9。

（2）群体设计与城市景观

城市景观（Cityscape）是由城市建筑物（建筑群）所组成的空中轮廓线，即表现了城市景观。城市景观可包括显著的标志性建筑及自然景观。即天然形成的和人工建造的。像教堂的大尖顶、塔尖、水塔、穹顶和大圆顶、建筑物房顶以及诸如起伏的小山丘、山脉或大片水域等自然景观。大大小小的场地也是构成城市景观的重要因素。

（3）各类建筑群体组合的特点

不同类型的建筑群，由于功能性质不同，各个建筑物及其相关空间的可能布局多种多样，其可行性方案基于具体环境、建筑位置、建筑目标及立面质量要求，反映在群体组合的形式上也必然会有各自的特点。下面根据几种不同类型的群体组合，来简要说明由于功能要求不同而导致布局形式上的某些差异，也就是说，由功能而赋予群体组合形式上的特点。

①公共建筑群体组合的特点。公共建筑的类型很多，功能特点也各有不同。但若用概括的方法可以划分为两大类，它们在群体组合上的特点也是有所区别的。

第一类是组成群体各建筑相互之间功能联系不甚密切，甚至基本上没有什么功能联系。这类公共建筑群体组合受到功能的制约较少，主要考虑的是如何结合地形而使建筑体形、外部空间保持完整、统一，一般采用对称式的或规则式的组合。

第二类是组成群体的各建筑相互之间功能联系比较密切或十分密切。这类公共建筑的群体组合，首先必须保证各建筑物相互之间合理的功能关系，同时考虑与地形、环境的结合，并使建筑体形、外部空间保持完整、统一。因此，这类公共建筑的群体组合特征一般表现为不对称的或自由式的形式。

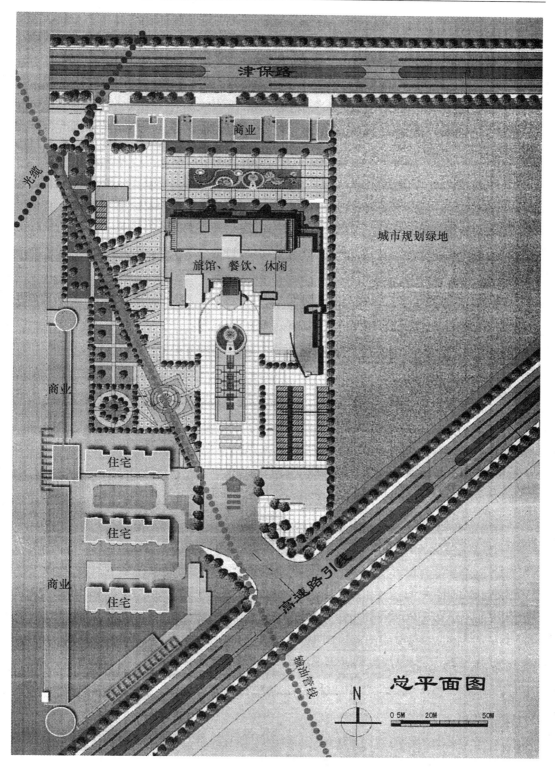

图 4-13　河北白沟镇旅馆的群体构成

②居住建筑群体组合的特点。住宅建筑相互之间没有直接的功能联系，在群体组合中，往往通过一些公共设施比如托幼、商业供应点、小学校等把它们组成一些团、块或街坊，以保证居民生活上的方便。居住建筑群体组合通常采用周边式、行列式和自由式三种形式。

③沿街建筑群体组合的特点。沿街建筑可以由商店、公共建筑或居住建筑所组成。沿街建筑相互之间一般功能关系不密切，在群体组合中主要考虑的问题是通过建筑物与空间的处理，使之具有统一和谐的风格。根据街坊与街道的空间关系不同，沿街建筑群体组合的形式可分为封闭式、半封闭式和开敞式三种形式。

④公共活动中心群体组合的特点。把某些性质上比较接近的公共建筑集中在一起，以利于开展某种社会性的活动，形成具有某种性质的公共活动中心。常见的有：文化娱乐活动中心、科学技术中心、艺术中心、体育中心、金融中心等。此外，还有一些综合性的中心，像市中心那样，不是限于某种专业活动，而是综合地进行多种活动。各类公共活动中心由于功能、性质不同，在群体组合中是不能一律对待的，只有紧紧抓住各类中心的功能特点及主要矛盾来进行群体组合，才能做到整个建筑群体的统一。或以广场、绿化、水面等为中心，各建筑物环绕布置；或以主体建筑为中心，周围布置其他建筑物。从而达到建筑主次分明，群体协调统一的目的。

4.4.3　道路设计

道路布置的主要任务是确定道路的各项平剖面技术要求，这包括道路的宽度、纵横向坡度、转弯半径的控制等等。这些内容概括起来可分成两个方面，一是道路的平面形式，二是道路的剖面形式。

（1）道路设计的一般原则

①道路布置必须满足各种使用功能的要求：

a. 满足各种交通运输的要求；

b. 满足车行及人行安全的要求；

c. 满足建筑布置有较好朝向的要求；

d. 满足道路与绿化、工程技术设施等统一协调的要求。

②道路布置应做到既适用又节约用地和投资。

③道路布置应利用自然地形，山地道路网布置，为保证行车安全，纵坡不宜过大。利用地形通常有以下几种手法布置道路：环状沿山丘布置、枝状尽端式布置、平行盘旋延长路线减缓纵坡布置等。

（2）道路的平面设计

有关道路平面形式的确定包括下述一些技术要求：道路宽度，转弯半径，道路交叉口的视距保证，场地内道路与构筑物的安全距离。另外也包括尽端道路的回车场的尺寸要求等等。

①道路的宽度

场地内车行道路的路面宽度一般由通行车辆的种类和可能的高峰交通量来决定，同时亦应考虑气候条件、地形以及维护需求等因素的影响。在场地中，人车通道在很多情况下是与广场、庭院等复合在一起的。既要考虑人车的通行，也要考虑人流的集散和车辆的进出转弯等方面的要求。而且常常还会结合景园设施布置，因此其宽度应视具体处理要求而定，变化的余地是很大的。对于较单纯的道路，超过需要的宽度是毫无意义的，这只会带来造价的增加，也浪费了用地。从场地生态的角度来讲，避免道路宽度过大可以有效缩减场地内的硬地面积，同时也可为绿化留出更多的用地，利于场地环境的优化。

道路的宽度还要根据行车的数量、种类确定。场地内单车道最小宽度 3.5m，双车道 6.0~7.0m，生活区内主要车行道 5.5~7.0m，次要车行道 3.5~6.0m。当考虑机动车与自行车共用时，单车道最小宽度为 4.0m，双车道最小宽度为 7.0m。

②道路的转弯半径

转弯半径系道路在转弯或交叉口处，道路内边缘的平曲线半径。转弯半径的大小，应根据通行车辆的型号、速度和有无挂车等确定。各种车辆在基地内部的最小转弯半径见表4-2。

③道路交叉口的视距

道路交叉口的视距指在交叉口处，使司机视线能看见对面来车的距离 S，见图4-14。在视距范围内不应植树或设置建筑物，以确保行车安全，一般情况会车视距不应于 20.0m。

表 4-2　内边缘最小转弯半径　m

行驶车辆类别	最小转弯半径
小　客　车	6
4~8t 载重货车	9
10~15t 载重货车	12
15~20t 载重货车	15
40~60t 载重货车	18
公共汽车	12

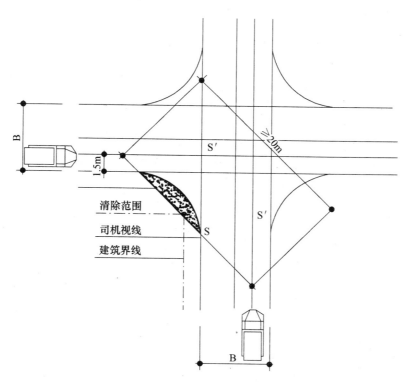

图 4-14　道路交叉口视距

④回车场

当采用尽端式道路时，为方便行车转弯、进退或调头，应在道路尽端设置回车场，回车场的面积不应小于 12m×12m，各类回车场的具体尺寸如图 4-15 所示。

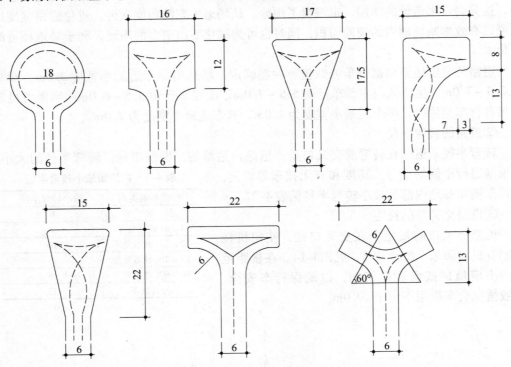

图 4-15 各类回车场形式及尺寸

（3）道路的横断面设计

①道路的横断面形式，分为城市型及公路型两类，城市型道路用于道路较密集和外观要求较高的场地，其特点为：设有保护路面的路缘石，采用暗排雨水。公路型道路常用于道路密度较小，地形起伏较大，外观要求不高的场地。在道路两侧不设路缘石，而有保护路面的路肩，采用明沟排水。

②道路横坡大小的选择应从路面类型、行车方便、有利排水和当地气候条件来确定。路面横坡大小见下表 4-3。

表 4-3　路拱横坡

路面面层类型	路拱坡度（%）
水泥混凝土路面	1.0～2.0
沥青混凝土路面	1.0～2.0
其他黑色路面及整齐块石路面	1.5～2.5
半整齐、不整齐块石路面	2.0～3.0
碎、砾石等粒料路面	2.5～3.5
各种当地材料加固式改善土路面	3.0～4.0

（4）道路的纵断面设计

①道路的纵断面设计，应使车辆具有较好的行驶条件和场地具有有利的排水条件。因此纵断面的确定应与场地竖向布置、建筑物的地坪标高互相配合。

②为了有较好的行驶条件，道路的变坡点距离不宜太近，一般应在50m以上，对于相邻段的坡差也不宜太大，应避免锯齿形纵断面，道路的最大纵坡一般不应大于8%，在个别路段可不大于11%，但长度不应超过80m，路面应有防滑措施，最小纵坡不宜小于0.3%。

③当道路纵坡较大，要避免长距离的上坡或下坡，为保证行车安全，对不同纵坡的坡长应予以限制，详见表4-4。

表4-4　道路纵坡与限制长度

道路纵坡（%）	5~6	6~7	7~8	8~9	9~10	10~11
限制长度（m）	800	500	300	150	100	80

④当道路纵坡较大，又超过限制坡长时，应设置不大于3%的缓坡段，其长度不宜小于80m。

⑤道路纵断面变坡处，当相邻纵坡差大于1%~2%时，为保证所需视距和有利行车条件，应设置竖曲线，竖曲线的最小半径：凹型竖曲线为100m，凸形竖曲线为300m。

（5）道路路基和路面

①路基

根据道路的使用功能要求，路基应有足够的强度和稳定性，并应结合当地的地质水文和材料等情况，设置护坡、挡土墙等防护设施。路基的横断面，根据地形变化，有填土路基、挖土路基及半填半挖路基等几种情况。

②路面

道路路面系用坚硬材料铺设在路基上的一层或几层，供车辆行驶的结构层。路面设计应根据使用要求、交通流量、当地地形、地质、气象、材料和施工条件综合考虑。

路面分类及等级：根据路面在荷载作用下的工作特性及设计理论依据不同，分为刚性路面及柔性路面两种。

刚性路面主要是指现浇水泥混凝土路面，其特点是在受力后发生板的整体作用，板体具有较强的抗弯强度。刚性路面坚固耐久，保养翻修较少，但造价较贵，一般用于要求较高的主干道。

柔性路面由粘性、塑性材料和颗粒材料构成，受力后抗弯强度极小，路面强度很大程度上取决于路基的强度。该路面的种类较多，适应性较大，易于就地取材，造价较低。

路面等级根据使用要求和特性，分为高级、次高级、中级、低级四级。

路面选择：路面选择考虑适用经济、技术合理，要注意以下因素：

按道路分类确定路面等级；

根据使用功能选择路面类型；

根据气候、路基状况和施工养护条件及材料选择路面。

路面结构构造：

面层（包括磨耗层和保护层）：面层位于路面结构的最上层，直接受行车及大气影响。

基层：位于面层之下，承受面层传来的荷载，并将荷载分布给下面各层，是保证路面的力学强度和结构稳定性的主要层次。

垫层：当路基易受潮、受冻等不利情况下，需要在基层与土基之间设垫层。协助基层承受荷载分布，并且有利于排水、稳定路面、防止冻胀、翻浆等病害作用。

土基：土基即路基，为原土夯实层，是整个路面的最底层。

（6）人行道设计

①人行道的最小宽度：设在道路一侧和两侧的人行道，最小宽度不小于1m，其他人行道的最小宽度可小于1m。

②人行道的纵坡和横坡：当人行道设在道路一侧和两侧时，纵坡一般与道路纵坡一致。人行道的最大纵坡不宜超过8%，超过时应设踏步或粗糙路面。人行道的横坡一般为1%～2%。

③人行道与建、构筑物的距离：人行道边缘至建筑物外墙最小距离为1.5m。

（7）基地内道路

①基地内应设通路与城市道路相连接。通路应能通达建筑物的各个安全出口及建筑物周围应留的空地。

②通路的间距不宜大于160m。

③长度超过35m的尽端式车行路应设回车场。供一般消防车使用的回车场不应小于12m×12m，大型消防车的回车场不应小于15m×15m。

④基地内车行量较大时，应另设人行道。

⑤考虑机动车与自行车共用的通路宽度不应小于4.00m，双车道不应小于7.00m；

⑥消防车用的通路不应小于3.50m；

⑦人行通路的宽度不应小于1.50m。

（8）通路与建筑物间距

通路与建筑物间距见表4-5。

表4-5 通路与建筑物间距

相邻建构筑物名称	最小距离（m）
1. 建筑物外墙面	
（1）当建筑物面向道路一侧无出入口时	1.5
（2）当建筑物面向道路一侧有出入口，但出入口不通行汽车时	3.0
（3）当建筑物面向道路有汽车出入时	6.0～8.0
2. 各类管道支架	1.0
3. 围墙	1.0

4.4.4 竖向设计

建设用地的自然地形，往往不能满足场地设计中各种建筑物、构筑物设计的标高要求，因此必须将自然地形改造平整，进行垂直方向的布置。

（1）竖向布置的任务

①选择场地的整平方式和设计地面的连接形式；

②选择建筑物、构筑物地坪标高和广场、运动场等整平标高；

③确定道路标高和坡度；

④拟定场地排水系统；

⑤计算土石方工程量；

⑥合理设置必要的工程构筑物和排水构筑物等。

（2）设计地面形式的选择

①设计地面形式

将自然地面加以适当改造，使其能满足使用要求的地形，称做设计地形。设计地形按其整平连接形式，可分为三种形式：

a. 平坡式。把用地处理成一个或几个坡向的整平面，坡度和标高均无大的变化。

b. 台阶式。由几个标高差较大的不同整平面连接而成，连接处设挡土墙及护坡。

c. 混合式。即平坡和台阶混合使用。

②设计地面连接形式的选择

选择设计地面连接形式，要综合考虑以下因素：

a. 自然地形的坡度大小；

b. 建筑物的使用要求及运输联系；

c. 场地面积大小；

d. 土石方工程的多少等。

一般情况下，自然地形坡度小于3%，宜选用平坡式，自然地形坡度较大时，则采用台阶式，但当场地长度超过500m时，虽然自然地形坡度小于3%，也可采用台阶式。

（3）设计标高的确定

①影响设计标高确定的主要因素

a. 用地不被水淹，雨水能顺利排除，设计标高至少要高出设计洪水位0.5m。

b. 考虑地下水位及地质条件的影响。

c. 考虑场地内外道路连接的可能性。

d. 尽量减少土石方工程量和基础工程量。

②建筑物之间的详细竖向布置

建筑物之间的详细竖向布置要求是：避免室外雨水流入建筑物内，并引导室外雨水顺利排除；保证建筑物之间交通运输有良好的联系。

建筑物至道路的地面排水坡度，最好在1%～3%之间，一般允许在0.5%～0.6%范围内变动。

建筑物的进车道，应由建筑物向外倾斜。

建筑物室内地坪应略高于道路中心的标高。

建筑物有进车道时，室内外高差一般为 0.15m，当无进车道时，只考虑行人要求，一般室内外高差可在 0.45 ~ 0.60m，允许在 0.3 ~ 0.9m 范围变动。

一般情况，建筑物底层地面应高出室外地面至少 0.15m。

当采用城市道路时，地面雨水排至路面，然后沿着路缘石排水槽，排入雨水口。所以，道路原则上不应有平坡段，最小纵坡应为 0.3%，道路中心标高比建筑物室内地坪低 0.25 ~ 0.30m。

当采用郊区道路时，路面不考虑排水要求，其排水由路边的排水沟承担，进行竖向设计时，应将地面和路面雨水顺利排入边沟。

（4）场地排水

①场地排水

基地内应有排除地面及路面雨水至城市排水系统的设施。排水方式应根据城市规划要求确定。

一般分为明沟排水及暗管排水两种形式，暗管排水多用于建、构筑物比较集中的场地；运输线路及地下管线较多；面积较大，地势平坦的地段；大部分屋面为内落水；道路低于建筑物标高，并利用路面雨水口排水等情况。

明沟排水多用于建、构筑物比较分散的场地，高差变化较多道路标高高于建筑物标高的地段，或埋设地下管道不经济的岩石地段，山坡冲刷带泥土易堵塞管道的地段等。明沟的断面尺寸根据汇水面积大小而定；明沟坡度一般为 3‰ ~ 5‰，特殊困难时可采用 2‰。

采用车行道排泄地面雨水时，雨水口形式及数量应根据汇水面积、流量、道路纵坡等确定；

单侧设雨水口的道路及低洼易积水的地段，应考虑排水时不影响交通和路面清洁。

②场地排水坡度

为了方便场地排水，场地坡度不应小于 0.3%，综合考虑其他因素，场地坡度也不应大于 8%，各类地面排水的适宜坡度详见下表 4-6。

表 4-6　场地排水坡度

地面种类	排 水 坡 度
黏　　　土	>0.3%
砂　　　土	<3%
轻度冲刷细砂	<10%
湿陷性黄土	建筑物周围 6m 范围内 >20%，6m 以外 >5%
膨胀土	建筑物周围 2.5m 范围内 >2%

（5）土石方工程量平衡

①土石方工程量的计算方法

土石方工程量的计算方法很多，有方格网计算法、横断面计算法、查表法、计算图表法等。常用的是前两种方法。

a. 方格网计算法

将绘有等高线的总平面图划分为若干正方形方格网，间距取决于地表的复杂程度和计算的精度，一般采用 20 ~ 40m；在每个方格中分别填入自然标高、设计标高、施工高程，分别算出每个方格的控、填方量，然后汇总。

b. 横断面计算法

一般用于场地纵横坡度变化有规律的地段，精度较低。横断面线的走向，应取垂直于地形等高线的方向。间距视地形情况而定，平坦地区可取 40 ~ 100m，复杂地区可取 10 ~ 30m。

②土石方平衡

为了减少工程投资，建设场地的土石方工程，在可能情况下，应尽量考虑平衡。在进行土石方平衡时，除了考虑场地平整的填、挖土石方量外，还要考虑地下室、建筑物及构筑物的基础，地下工程管线等土石方量。同时还要考虑松散系数的因素。

松散系数，是自然土经开挖并运至填方区夯实后的体积与原体积的比值。各类土的松散系数见下表4-7。

表 4-7　几种土壤的松散系数

系数名称	土壤种类	系数（%）
松散系数	非黏性土壤	1.5 ~ 2.5
	黏性土壤	3.0 ~ 5.0
	岩石类填土	10.0 ~ 15.0
压实系数	大孔性土壤（机械夯实）	10.0 ~ 20.0

（6）场地设计中地面和道路坡度

地面和道路坡度的要求有以下几方面内容：

①基地地面坡度不应小于 0.3%；地面坡度大于 8.0% 时应分成台地，台地连接处应设挡墙或护坡；

②基地车行道的纵坡不应小于 0.3%，亦不应大于 8.0%，在个别路段可不大于 11.0%，但其长度不应超过 80m，路面应有防滑措施，横坡宜为 1.5% ~ 2.5%；

③基地人行道的纵坡不应大于 8.0%，大于 8.0% 时宜设踏步或局部设坡度不大于 15.0% 的坡道，路面应有防滑措施，横坡宜为 1.5% ~ 2.5%。

（7）雨水排除

场地的雨水排除组织也是竖向设计的重要内容。实际上，场地各处标高的确定，各部分之间标高关系的安排在一定程度上就是为了场地内的排雨水组织。场地雨水排除的基本方式有两种：第一种是地表的自然排水方式，这种方式是不设任何排水设施，利用地形坡度及地质和气象上的特点来排除雨水。地表的自然排水方式一般适用于雨量较小的情况或者是局部小面积的地段。场地雨水排除的第二种基本方式是采用地下的雨水管道排水，在场地面积较大，地形平坦，不适于采用地表排水时，或者场地对卫生及环境质量要求较高时，或者场地中大部分建筑物屋面采用内排水时，或者场地排水系统要求与城市雨水管道系统相适应时，采用管道式雨水排除方式是较为合适的。除以上两种基本方式之外，在场地卫生及环境质量要求较低或投资受限，或基地条件有限时，场地中的雨水排除也可采用明沟排水方式。整个场地范围的雨水排除系统既可以全部采用上述的某一种方式，也可划分成一些小的分区，将上述方式混合使用。

在采用管道式雨水排除方式时，其雨水口的布置，应考虑集水方便，并应与整个管道系统具有良好的连接条件。一般情况下，雨水口的布置都应避免设在建筑物的出入口处、分水点以及其他地下管道的上面。一个雨水口可负担的汇水面积，应根据降雨强度、场地中室外地表的铺砌情况、土壤性质和所采用的雨水口的形式等因素来决定。在一般情况下，每个雨水口可负担 3000 ~ 5000m² 的汇水面积。但多雨地区应小一些，干旱地区可适当放大。另外还应考虑到场地具体的布置形式的影响。

为保证雨水排除顺畅，避免积水，场地地表应保证一定的排水坡度，其坡度值的大小视降雨强度及地面的构造形式、材料不同而定，一般情况下宜采用 0.5% ~ 2% 的坡度，在有困难的局部区域坡度可更缓一些，但最低不应小于 0.3%。反过来看，场地地面坡度也不宜过大，那样虽然利于排水，但却会影响使用，所以坡度的确定要综合考虑。场地内地面坡度的上限一般为 8%。在表 4-8 中给出了广场、游戏场、绿地等的适用坡度。建筑物至周围地面、道路等的排水坡度可在 0.5% ~ 6% 之间选取，最佳值是 1% ~ 3%。因为一般建筑物的地坪标高会高于周围的室外地面，所以建筑物周围的雨水排除一般是使雨水向四边自然排除，再汇入场地主要的排水路线。如果场地的具体地形难以满足上述组织方式时，那么则应在建筑物的四周形成局部的高差，并采取其他一些辅助设施，引导雨水自建筑物周围排除。

表 4-8　场地内容的使用坡度　　　　　　　　　　　　%

内　容　名　称	适　用　坡　度	内　容　名　称	适　用　坡　度
密实性地面和广场	0.3 ~ 3.0	杂用场地	0.3 ~ 2.9
广场兼停车场	0.2 ~ 0.5	绿　地	0.5 ~ 1.0
儿童游戏场	0.3 ~ 2.5	湿陷性黄土地面	0.5 ~ 7.0
运　动　场	0.2 ~ 0.5		

4.4.5　管线设计

管线布置是根据设计中的要求来确定场地中的各种管线的平面位置，这是场地详细设计的一项重要内容。管线的布置工作是由场地设计者和设备方面的技术人员合作完成的。各种工程管线由各自专业的设计人员布置完成之后，场地设计者须进行管线的综合设计，统筹安排各种管线的布置，妥善解决诸管线之间或与建筑物、道路、绿化等内容间的矛盾，使之各得其所，并为各管线的设计、施工及管理提供良好条件。

（1）管线的种类

场地设计可能涉及的工程管线包括了城市公用设施的各个方面。一般有给水管道、排水管道、燃气管道、供热管道、电力电缆、通讯电缆等，具体情况如下：

①给水管

给水管系由水厂将水经加压后送至用户的管路。管材多采用钢管、铸铁管及石棉水泥管等，多为埋地敷设。生活用水和消防用水可合用一条管道，当生产用水与生活用水水质不同时，应分设管道。

②排水管

排水管系由用户将使用后的污、废水经管道排入污水净化设施，多为埋地敷设的自流管道。排水管管材一般采用混凝土、陶土管、砖石砌筑管沟等，承压大时采用钢筋混凝土管。

③雨水管

雨水管也是排水管道的一种，有的城市将生活废水和雨水排放设两套独立的系统，雨水管则专门用来排放地面雨水。

④蒸汽管、热水管

蒸汽管、热水管均称热力管，是将锅炉生产的蒸汽及热水输送给用户的管道，一般为钢管，均须设保温层。可以架空、埋地和地沟敷设。

⑤电力线路

电力线路系指将电能从发电厂或变电所输送到用户的线路，在厂区和生活区外的输电电压为220kV、110kV和35kV；在厂区内一般为35kV及10kV和0.4kV，为了保证电力线的绝缘性能和人身安全，电力线四周必须有足够的安全距离。电力线有架空线和埋地电缆两种敷设方式。

⑥弱电线路

弱电线路一般指电话、广播等线路，可用裸线、绝缘线或电缆。为了避免干扰，应尽可能远离电力线。

⑦天然气或煤气管

天然气或煤气管系由城市分配站或调压站调整压力后，输送给用户的管线。敷设方式在生活区一般是埋地，在厂区也有考虑架空的。

⑧其他管线

在厂区根据生产的需要，还有氧气、乙炔管线、压缩空气管线以及输油管线、运送酸碱管线等。

（2）管线的敷设方式

管线敷设方式是根据运送物料的性质、地形、地质、气候等自然条件，使用要求和经济效果综合确定。

①地下敷设

施工简单，投资省，不影响地面环境。但管线多时，占地面积大，检修不方便。地下敷设又分为直埋及设管沟两种。

②地上敷设

在人、货流稀少的情况下，可根据地形因地制宜地在地上敷设管线，这样投资省、检修方便，施工快，临时及简易工程常采用，但煤气管及排水管不宜采用。在填方地段可采用管堤方式，在控方地段可采用管堑方式，在岩石地段可采用培土敷设，在山坡地段可沿坡架设。

③架空敷设

节省用地、不受地形限制，对于经常检修、维护的管线比较适用。根据场地上人、货流多少、管线多少、管径大小的不同可选用高支架、低支架及多层支架、靠墙支架等。

（3）管线布置的一般原则

场地设计可能涉及的工程管线包括了城市公用设施的各个方面。一般有给水管道、排水管道、燃气管道、供热管道、电力电缆、通讯电缆等。其中，给水、燃气、热力管道是有压力的，排水管道是无压力自流的。场地中的管线布局，压力管线均与城市干线网有密切关系，管线要与城市管网相衔接；重力自流的管线与地区的排水方向及城市雨污水干管相关。在进行管线综合布置时，应与城市市政条件及场地的竖向规划设计互相配合，多加校验，才能使管线综合方案符合实际。

场地中管线的设置在一般情况下采取地下敷设，在具体的设计中需要注意以下几点：

①各种管线的敷设不应影响建筑物的安全，并且应防止管线受腐蚀、沉陷、振动、荷载等影响而损坏。

②管线应根据其不同特性和要求综合布置，对安全、卫生、防干扰等有影响的管线不应共沟或靠近敷设。

③地下管线的走向宜沿道路或与主体建筑平行布置，并力求线型顺直、短捷和适当集中，尽量减少转弯，并应使管线之间以及管线与道路之间尽量减少交叉。

④与道路平行的管线不宜设于车道下，不可避免时应尽量将埋深较大、翻修较少的管线布置在车道下。

当管线的布置出现交叉的情况时，应按以下原则来处理：燃气管道应位于其他管道之上，给水管应在污水管道之上，电力电缆应在热力管和电信电缆的下面，并在其他管线的上面。当地下管线重叠时，应将经常检修的、管径小的放在上面，将有污染的放在下面。当管线布置发生矛盾时，则应遵循下面的原则：临时管线避让永久管线，小管线避让大管线，压力管线避让重力自流管线，可弯曲管线应避让不可弯曲的管线，施工量小的管线应避让施工量大的管线。

为了减少电力电缆，尤其是高、中压电力电缆对电信的干扰，电力电缆与电信管、缆宜远离，一般原则是将电力电缆布置在道路的东侧或南侧，电信管、缆布置在道路的西侧或北侧。这样既可简化管线综合方案，又能减少管线交叉的相互冲突。

地下管线一般应避免横贯或斜穿场地中的成片绿地，以避免限制绿地种植和其他景园设施的布置。某些管线的埋设还会影响植物的生长，比如暖气管会烘烤树木等。另一方面，树根的生长往往又会使有些管线受压迫而产生破裂。如果因条件所限，管线必须穿越绿地时，则应尽量从边缘通过，减少不利影响的范围。

管线布置的一般原则可概括如下（参见图4-16）：

①地下管线布置原则

a. 地下管线的合理安排顺序，应是从建筑物基础外缘向道路中心。由浅入深地安排下列管道：电信电缆、电力电缆、热力管（沟）、压缩空气管、煤气管、氧气管、乙炔管、给水管、雨水管，最后是污水管。

b. 地下管线的基本布置次序，从建筑物基础外缘向外，离建筑物由近及远的水平排序宜为：电力管线或电信管线、燃气管、热力管、给水管、雨水管、污水管。

c. 地下管线一般宜敷设在车行道以外的地段，特殊困难时才可以采取加固措施。可以将检修较少的给水管和排水管布置在车行道下。

d. 饮用水管应避免与排水管及其他含酸碱腐蚀、有毒物料管线共沟敷设。避免将直流电力电缆与其他金属管线靠近敷设。

e. 尽可能将性质类似、埋深接近的管线并排列在一起，有条件的可共沟敷设。

f. 地下管线交叉时，应符合下列条件要求：

将煤气、易燃可燃液体管道，布置在其他管道上面；

给水管应在污水管上面；

电力电缆应在热力管和电信电缆的下边，并在其他管线的上面。

g. 互相干扰、影响的管道不能共沟。

h. 地下管线可敷设在绿化带下，但不宜布置在乔木下。

i. 地下管线重叠时，应将检修量多的、管径小的放在上面，将有污染的放在下面。

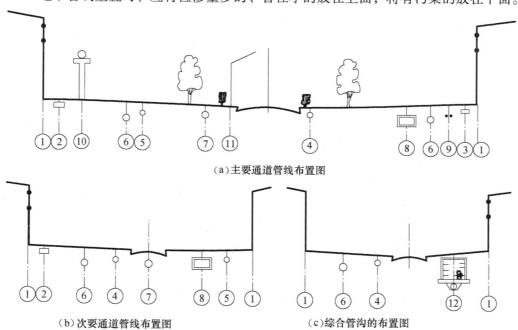

（a）主要通道管线布置图

（b）次要通道管线布置图　　　　（c）综合管沟的布置图

图 4-16　管线布置的几种形式

1—基础外缘；2—电力电缆；3—通信电缆；4—生活饮用水和消防给水管；5—生产给水管；6—排水管；

7—雨水管；8—热力管沟压缩空气管；9—乙炔管、氧气管；10—煤气管；11—照明电杆；

12—可通行的综合地沟（设有生产给水管、热力管、压缩空气管、雨水管、电力电缆、通信电缆等）

②地上和架空管线敷设原则

a. 地上和架空管线应不影响交通运输及人行安全。

b. 应不影响建筑物的采光和通风。

c. 无干扰的管线，尽可能集中在同一支架上。

③管线敷设发生矛盾时的处理原则

临时管线让永久性管线，管径小的让管径大的，可弯曲的让不可弯曲的，新设计的让原有的，有压力管道让自流的管道，施工量小的让施工量大的。

（4）管网综合设计

当各专业提出各自的管线设计成果后，必须经过建筑师进行管网综合设计，将各专业的管线综合布置在同一张总平面图上，注明各种管线的名称（一般用代号表示）、管径，标高；管线比较复杂的地段要绘制平面详图及剖面图，妥善解决各专业管线布置中出现的矛盾，统一安排各种工程管线的布置。

（5）布置间距

各类管线应根据不同的特性和设置要求综合布置。为避免相互之间的干扰，管线与管线应保证一定间距，相互之间的水平与垂直净距宜符合表4-9和表4-10中的规定。考虑到建筑物安全的要求和防止管线受腐蚀、沉陷、振动及重压的影响，各种管线与场地中的各种建筑物、构筑物之间又应保证一定的水平间距，其最小值应满足表4-11中的要求。为避免地下管线对场地中树木生长的不利影响，同时也为避免树根对管线的破坏，地下管线的布置与绿化树木之间同样须保证一定的安全距离，最小水平净距见表4-12。

表4-9　各类地下管线最小水平净距　　　　　　　　　　　　　　　　m

| 管　线　名　称 | | 给水管 | 排水管 | 煤气管 | | | 热力管 | 电力电缆 | 电信电缆 | 电信管道 |
				低　压	中　压	高　压				
排　水　管		1.5	1.5	—	—	—	—	—	—	—
煤气管	低　压	1.0	1.0	—	—	—	—	—	—	—
	中　压	1.5	1.5	—	—	—	—	—	—	—
	高　压	2.0	2.0	—	—	—	—	—	—	—
热　力　管		1.5	1.5	1.0	1.5	2.0	—	—	—	—
电力电缆		1.0	1.0	1.0	1.0	1.0	2.0	—	—	—
电信电缆		1.0	1.0	1.0	1.0	2.0	1.0	0.5	—	—
电信管道		1.0	1.0	1.0	1.0	2.0	1.0	1.2	0.2	—

注：1. 表中给水管与排水管之间的净距适用于管径小于或等于200mm时，当管径大于200mm时，应大于或等于3.0m；

2. 大于或等于10kV的电力电缆与其他任何电力电线之间应大于或等于0.25m，如加套管，净距可减至0.1m；小于10kV电力电缆之间应大于或等于0.1m；

3. 低压煤气管的压力为小于或等于0.005MPa，中压为0.005~0.3MPa，高压为0.3~0.8MPa。

表4-10　各种地下管线之间的最小垂直净距　　　　　　　　　　　　　m

管线名称	给水管	排水管	煤气管	热力管	电力电缆	电信电缆	电信管道
给水管	0.15	—	—	—	—	—	—
排水管	0.4	0.15					

续表

管线名称	给水管	排水管	煤气管	热力管	电力电缆	电信电缆	电信管道
煤气管	0.1	0.15	0.1	—	—	—	—
热力管	0.15	0.15	0.1	—	—	—	—
电力电缆	0.2	0.5	0.2	0.5	0.5	—	—
电信电缆	0.2	0.5	0.2	0.15	0.2	0.1	0.1
电信管道	0.1	0.15	0.1	0.15	0.15	0.15	0.1
明沟沟底	0.5	0.5	0.5	0.5	0.5	0.5	0.5
涵洞基底	0.15	0.15	0.15	0.15	0.5	0.2	0.25
铁路轨底	1.0	1.2	1.0	1.2	1.0	1.0	1.0

表4-11　各种管线与建、构筑物之间的最小水平间距　　　　m

构筑物名称 管　线	建筑物基础	地上杆柱 （中心）	铁路 （中心）	城市道路 侧石边缘	公路边缘	围墙或篱笆
给水管	3.0	1.0	5.0	1.0	1.0	1.5
排水管	3.0	1.5	5.0	1.5	1.0	1.5
煤气管　低压	2.0	1.0	3.75	1.5	1.0	1.5
煤气管　中压	3.0	1.0	3.75	1.5	1.0	1.5
煤气管　高压	4.0	1.0	5.00	2.0	1.0	1.5
热力管	—	1.0	3.75	1.5	1.0	1.5
电力电缆	0.6	0.5	3.75	1.5	1.0	0.5
电信电缆	0.6	0.5	3.75	1.5	1.0	0.5
电信管道	1.5	1.0	3.75	1.5	1.0	0.5

注：1. 表中给水管与城市道路侧石边缘的水平间距1.0m适用于管径小于或等于200mm，当管径大于200mm时应大于或等于1.5m；

2. 表中给水管与围墙或篱笆的水平间距1.5m是适用于管径小于或等于200mm，当管径大于200mm时应大于或等于2.5m；

3. 排水管与建筑物基础的水平间距，当埋深浅于建筑物基础时应大于或等于2.5m；

4. 表中热力管与建筑物基础的最小水平间距对于管沟敷设的热力管道为0.5m，对于直埋闭式热力管道管径小于或等于250mm时为2.5m，管径大于或等于300mm时为3.0m，对于直埋开式热力管道为5.0m。

表4-12　管线与绿化树种间的最小水平净距　　　　m

管线名称	最小水平净距		管线名称	最小水平净距	
	乔木（至中心）	灌木		乔木（至中心）	灌木
给水管、闸井	1.5	不限	热力管	1.5	1.5
污水管、雨水管、探井	1.0	不限	地上杆柱（中心）	2.0	不限

续表

管 线 名 称	最小水平净距		管 线 名 称	最小水平净距	
	乔木（至中心）	灌木		乔木（至中心）	灌木
煤气管、探井	1.5	1.5	消防龙头	2.0	1.2
电力电缆、电信电缆、电信管道	1.5	1.0	道路侧石边缘	1.0	0.5

4.4.6 景园设计

优美的景园设计是构成良好的建筑群外部空间不可分割的一部分，它不仅可以改变城市面貌，美化生活，而且在改善气候及绿化环境等方面具有极其重要的作用。

绿化及景园道路布置应考虑建筑群总体布局的要求、功能特点、地区气候、土壤条件、游览路线等因素，选择适应性强，既美观又经济的树种、合适的道路形式；绿化布置还考虑季节变化、空间构图的因素，主次分明地选择适当的树种和布置方式；此外，遮阳、隔离也应予以考虑，也可利用绿化来弥补建筑群布局或环境条件的不良缺陷。

（1）绿化在场地设计中的作用

①调节气候的作用

调节气温；

调节湿度；

调节气流。

②净化空气保护环境的作用

吸收二氧化碳，产生氧气；

吸收有害气体；

滤尘杀菌；

净化水土；

隔离噪声；

监视有害气体。

③美化环境、休息游览的作用

④生产、战备的作用

（2）绿化的布置

①绿地的分类

公共绿地；

专用绿地；

街道绿地；

防护绿地。

②绿化布置的一般要求

绿化布置是环境保护的重要措施，因而必须根据具体要求，与总平面布置综合考虑，并与场地环境相协调。

要有利于消除或减轻生产过程中所产生的粉尘、气体和噪声对环境的污染，以创造良好的生产和生活环境。

要因地制宜地选用植物材料，尽快发挥绿化效益。

不得影响交通和地上、地下管线的运行和维修。

③布置形式

a. 规则式。布置的形式较规则，多适用于平地。往往采用严整的对称布局。道路多用直线和几何规律形式，树丛绿篱修剪整齐，在对景或视线集中处，布置雕像、喷泉、亭等。在主要建筑物前或广场中心多布置花坛，造成富丽景象。西方园林就是典型的规则式、几何式布局，现代场地处理中经常用到这种形式，如图4-17、图4-18为树木的成组规则式布局，彩图16采用了规律的建筑化的种植容器。

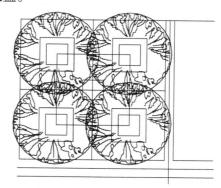

图4-17 树木的成组布局

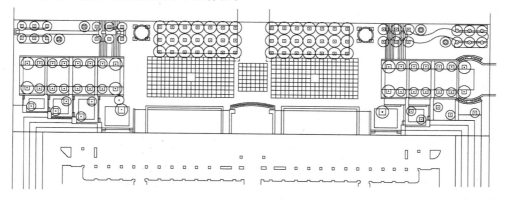

图4-18 不同树木的规则式布局

b. 自然式。在山丘起伏、地形变化较大之处，可顺应自然地形，不求对称；采用自然式布置以增强自然之美。在山丘、溪流、池沼之上配以树林草地，植物的种植有疏有密；空间组合有开有闭。道路弯曲自然、亭台、雕像、喷泉等只是偶然点缀。东方园林就是典型的自然式布局。

c. 混合式。既不完全采用几何对称布局，也不过分强调自然面貌，吸收规则式、自然式二者特点，使布置既有人工之美，又有自然之美，成为能适应不同要求的混合式。

d. 中国式。采用自然式方法，多将植物、垣篱、游廊、建筑等密切配合。利用水面组织空间，依山傍水配以竹木岩石，因地取势，不损天然，造成山色湖光、四季皆宜的景象。

④绿化所需间距

由于绿化的生长及建、构筑物和地下管线的安全需要，绿化与建、构筑物和地下管线间应有一定的安全距离，参见表4-13及表4-14。

表4-13　树木与建、构筑物和地下管线的间距

名　　称		最　小　间　距	
		至乔木中心	至灌木中心
建筑物	外墙有窗	3.0~5.0	2.0
	外墙无窗	2.5	1.5
挡土墙顶内和墙脚外		1.0	0.5
高2.0m以上的围墙		2.0	1.0
道路路面边缘		1.0	0.5
人行道边缘		0.75	0.5
排水沟边缘		1.0	0.5
给水管、排水管		1,5	不限
煤气管		2.0	1.0 (2.0)
热力管（沟）		2.0	1.5
电缆（沟）		1.5	0.5

表4-14　围墙至建、构筑物等的最小距离

围　墙　至	最小距离（m）
一般建、构筑物外墙	3.0
厂房、库房	5.0
道路路面或路高边缘	1.0
标准轨距铁路中心线	5.0
窄轨铁路中心线	3.5
排水沟边缘	1.5

（3）小游园的绿化

为了满足人们的精神要求，在建筑群外部空间组织中布置游园，作为人们的室外休息场所。绿化是小游园中不可缺少的一部分，小游园中的绿化布置应与周围环境取得协调一致，真正成为受人们欢迎的室外活动空间。其形式主要有以下几种：

①规则式。小游园中的道路、绿地均以规整的几何图形布置，树木、花卉也呈图案式成行成排有规律地组合。

②自由式。小游园中的道路曲折迂回，绿地形状自由，树木花卉无规则组合地布置。

③混合式。在同一小游园中既采用规则式又采用自由式的布置形式为混合布置。

（4）庭园绿化

建筑群体组合中的小园、庭园、庭院等可统称为庭园。庭园的绿化不仅可以起到分隔空间、减少噪声、减弱视线干扰等作用，还给建筑群增添了大自然的美感，给人们创造了一种安静、舒适的休息场地。庭园的绿化布置应综合考虑庭园的规模、性质和在建筑群中所处的地位等因素并采取相应的手法。

①小园。所谓"小园"是指建筑群体组合中所围成的天井或面积较小的院落。小园的绿化布置既要考虑对环境的美化，又要不影响建筑内部的采光通风。小园的位置可能在厅室的前后左右，也有可能在走廊的端头或转折处，而构成室内外空间相互交融或形成吸引人们视线的"对景"。小园中的绿化布置应结合其他建筑小品（水池、假山、雕塑等），使小园布置小巧玲珑、简洁大方。

②庭园。一般规模比小园大。在较大的庭园内也可以设置小园，形成园中有园，但应有主次之分，主庭的绿化是全园组景的高潮，可以是由山石、院墙、绿化、水景等作为庭园的空间限定，组成开阔的景观。

③庭院。庭院的规模又比庭园为大，范围较广，在庭院内可成组布置绿化，每组树种、树形、花种、草坪等各异，并可分别配置建筑小品，形成各有特色的景园。

（5）屋顶绿化

随着建筑工业化的发展，建筑物屋顶结构中广泛采用了平屋顶形式。为了充分利用屋顶空间，为人们创造更多的室外活动场所，对于炎热地区，考虑屋顶隔热，可以在屋顶布置绿化，并配以建筑小品而形成屋顶花园。

屋顶绿化的布置形式一般有以下几种：

①整片式。在平屋顶上几乎种满绿化植物，主要起到生态功能与观赏之用。这种方式不但可以美化城市、保护环境、调节气候，而且还具有良好的屋面隔热效果。

②周边式。沿平屋顶四周修筑绿化花坛，中间的大部分场地作室外活动与休息之用。

③自由式。在平屋顶上自由地点饰绿化盆栽或花坛，形式多种多样可低可高，可成组布局也可点、组相结合，形成既有绿化又有活动场地的灵活多变的屋顶花园。

屋顶绿化布置在高层建筑的屋顶，可以增加在高层建筑中工作和生活的人们与大自然接触的机会，并弥补室外活动场所的不足。

环境派是提倡建筑与环境保护结合起来的一个建筑派别，由于它与当代的环境意识密切结合，因此颇受注意，但是在建筑设计上，却还没有摸索出一条既能够保护生态环境，又能够发展具有商业潜力的建筑的模式来，因此具有很大的试验性特征。这个流派主要在欧美国家中流行，在发展中国家还没形成气候。比较典型和突出的环境派建筑设计集团是美国的"赛特设计事务所"（SITE），这个设计集团的环境设计方法是设计半地穴式的建筑，并且在建筑顶部进行广泛绿化，以植被覆盖建筑，因此建筑成为植物的基础和底层，这样既达到建筑的目的，也依然能够保护地球的生态平衡，还可以逐步减少建筑的覆盖比率。他们主张建筑上以覆土方式、以屋顶种植大量植物的方式，来掩盖建筑的主要部分，突出植物和自然，这种立场，在后工业化时代越来越受到欢迎和重视。如果说20世纪70年代是纽约五人彼得·艾森曼（Eisenman. Peter）、迈克·格雷夫斯（Gravs. Michal）、查尔斯·加斯米（Charles. Gwathmey）、约翰·海杜克（John. Hejduk）、理查德·迈耶（Meier. Richard）的"白色派"吸引了建筑界的注意力，那么目前引起广泛注意的是主张环境自然的"绿色派"了。除了"赛特"集团之外，也有一些西方建筑家在设计上提倡使用资源最丰富的木材，以保护资源平衡。他们还主张使用再生材料、循环使用的材料，特别是金属材料和玻璃材料，而拒绝使用很难为自然分解的塑料建筑材料，以保证生态的单纯。比如美国建筑家彼得·福布斯（Peter. Forbes）等人就是这个流派的代表，这批人也是环境派的重要组成部分之一，具有越来越大的影响。

（6）景园路面的功能与用途

景园路面的设计与所有其他建筑设计原理相类似，它在室外空间有许多潜在的功能和结构用途。在这些可能的用途中，有些是单一的，而大多数是相互同时起作用的。而且，根据设计者的意图，路面的这些用途可以通过采用其他设计原理来加强或削弱。

①适应频繁的使用

景园路面最明显的功能用途或许就在于它能使地面承受得住持续频繁的使用而不至于很快损坏。与草坪或种植区相比，路面能经受相当大的磨损而不变形，对地面本身的损害也不大。而且，一年四季任何气候条件下，路面都能发挥这些作用。此外，基础好的路面还可以承受设定的结构压力（如重型货车的自重所产生的压力）。再有，如果路面铺设得当，它就能发挥上述作用而不需要额外养护。

②指示方向

景园路面呈细条形或线形时能起指示运动方向和行走路线的作用，而线路布置会影响运动的速度和节奏。路面能以多种方式来指示方向。首先，草坪或种植区中的路面能指示怎样前进以及从哪里才能由一个地点走到另一个地点。同样，通过指示正确的行走路线，一条有铺面的路能把行人引到一幢建筑物或其他重要风景区，也能把行人的目光引向一个预定目标。

在都市区，我们非常习惯在坚硬的路面上行走，并沿着这些有铺面的路而不是草坪到达向往的目的地。校园里中心空地或公园里草坪上的路面就是起这种作用的一个很好例子。这里，路面的方向指示从哪里穿过校舍间的空地，从哪里穿过校园区。当路面沿合理的行走线路铺设时，上述这一作用就发挥得更好，但线路过于曲折时，就容易出现道路影响草坪的问题。要是预先能在平面图上设计好"理想路线"，就可避免这个问题。因此，步行道应按照这些"理想路线"铺设，以消除抄近路穿过草坪的现象，如果一个区域内有好几条"理想路线"的话，铺设一条广场似的宽大路面更为合理，它可提供较大的自由活动空间，并使布局更协调统一。穿过草坪的路过多会把草坪切割成许多互不相连的小块。

路面线型砌块的布置不仅对行走的实际方面有影响，而且对行走的特征更有微妙的影响。例如：光滑的流线形路面给人一种随随便便和田园生活的感觉；直线形的刚性路面暗示行走的庄重严肃，给人一种受约束的感觉；角形与不规则的路面表示行走的无规律和紧张不安。连接两地的直路表示庄重和关系密切，而弯弯曲曲的路面则表明两地的关系不太密切，上述这些特征都有其相应的使用场合。因此，在规划路面前，设计人员应仔细考虑想达到的运动感。

用路面的线形砌块来指示行走方向的原理也适用于都市环境，在这里指引行人沿可取的路径穿过一系列比较大的界线不清的区域往往是理想的。在城市地区，有时很难估计拐角那边有什么，因此很难判断所选择的穿过一个区域的路线是否正确。在这种情况下，一条与其环境明显不同的路面能把不同的区域有机地连接起来，并巧妙地指引行人根据路面的共同特征通过这些区域。当行人离开一定的路面而踏上另一条不同材料的路面时，就会使行人意识到自己转到了一个新的方向。

③表明行走的速度和节奏

除了指示方向以外，路面线形布置会影响步行的速度和节奏。

路面越宽，行走速度就可能越随便。在宽路上，行人可以给别人让路，可以中途停下来观察某个特定地点，也可以从路的一侧漫步到另一侧并欣赏沿途的景色。

路面变窄，行人被迫一直朝前走，几乎不可能停留。

如果较宽的路段凹凸不平而不便快行，而窄的路段平坦且适合快行的话，上述特点就会更加突出。路面宽度、铺面材料及砌块间的空隙（即伸缩缝）等的变化影响行走节奏。路面的宽窄变化会导致行走节奏的强弱变化，即行走速度的快慢变化，同样改变材料及其组合形式会形成不同节奏。路面中骨料（如石块）间的距离也影响步行节奏。间距宽使人迈步大，而间距窄就会形成快碎步。

④创造宁静感

与指引运动方向相反是利用路面来创造一种宁静感。路面相当宽大、无方向性时就会给人一种无动态感。无方向的静态路面形状或路面形式适用于沿途休息区或景园中心会合区。

在创造宁静感方面，设计人员对路面材料及其铺设形式的选择应加以认真考虑，以便在与毗连的运动区域相比之下能明显暗示"止步"。在某些情况下，无方向性区域的路面材料稍有变化就足以增强其宁静感。在其他情况下，也需要静态形式来突出空间的宁静。上述办法亦适用于交叉路口。植物在各种情况下都可用来突出地面上路面的用途。

⑤暗示地面的用途

路面及其由一个空间到另一空间的变化，能用于室外空间来表示地面的不同用途。通过改变颜色、纹理或路面材料本身，就可暗示不同空间的不同用途，参见彩图 17。路面中的各种变化能区分运动、停留、休息、集会、中心区域等之间的差别。有一条经验法则认为，"只有地面用途也改变时，路面从一个区域到另一区域才应改变。如果地面用途不发生变化，路面也应保持不变"。

这条原则的一个直接用途是利用路面中的变化来向行人暗示"危险"。沿人行道的危险区域（如车行道）可用路面材料的不同显示出来。行人希望察觉路面的这一异常情况，明确人行道此点的不同用途。同样，街道的人行横道也可用与街道路面不同的材料来铺设。在采用街道用途画线区分之前，改变路面材料来表示人行横道曾是一种普遍采用的方法。这种方法现在仍在使用，而比一般人行横道线更醒目。

表明人行道和车行道之间的区别的一种常用方法是：人行道采用相当光滑的路面，

而车行道路面则采用比较粗糙的路面材料。光滑的路面便于行人行走，它与比较粗糙的路面对照，就容易引起人们注意。再者，粗糙的路面可减慢车速，这正是设计人行道区域想达到的目标。

⑥影响空间的视觉规模

室外空间路面的另一功能与结构用途是影响空间的视觉规模。实际上，通过不同的材料、颜色、表面纹理的对比所构成的图案大小正是路面影响空间视觉规模的因素。较大较开阔的图案赋予空间以宽敞感，而较小较紧凑的图案则使空间感缩小，显得关系密切。在大片混凝土或沥青上嵌入用砖或条石砌的图案，可能会缩小这些空间的视觉规模并减弱混凝土和沥青的单调感。在主要路面材料上加入图案会把整个空间分成较小的更易察觉出的小空间。当地面上采用对比材料构成的一种图案时，颜色和纹理变化不要过于明显，以使路面协调统一。与整体设计图的其他组成部分相比，路面图案越醒目就越引人注意。

⑦保证设计方案的整体性

上面已经提到利用路面保证设计方案的整体性。通过把路面作为关系设计方案所有其他部分和空间的共同因素就可作到这一点。即使其他部分变化很大，通过共同的路面就可使其成为一个整体。当路面的形式独特而醒目，并且容易辨认和记忆时，该路面就能成为一条极好的连接整体的纽带。在市区，通过路面的这种作用，在视觉上就成功地使一个建筑群体及其相关室外空间成为一个整体。

⑧起衬托作用

铺面可衬托同一设计方案中的其他部分。这样用时，可以把铺面看作空桌面或白纸，而把其他更重要的东西放在上面。铺面可以用来衬托雕像、盆栽植物、展览品、长条座椅等等。起衬托作用的铺面要素雅，不能有明显的花纹，表面不能粗糙不能有任何其他醒目的特征。

4.4.7　建筑小品

建筑小品是指建筑群中构成内部空间与外部空间的那些建筑要素，是一种功能简明、体量小巧、造型别致并带有意境、富于特色的建筑部件。它们的艺术处理、形式的加工，以及同建筑群体环境的巧妙配置，都可构成一幅具有一定鉴赏价值的画面。优美的建筑小品，可以起到丰富空间、美化环境，并具有相应使用功能的作用。

（1）建筑小品的设计原则与种类

①建筑小品的设计原则

建筑小品作为建筑群外部空间设计的一个组成部分，它的设计应以总体环境为依托，充分发挥建筑小品在外部空间中的作用，使整个外部空间丰富多彩。因此，建筑小品的设计应遵循以下原则：

a. 建筑小品的设置应满足公共使用的心理行为特点，便于管理、清洁和维护；

b. 建筑小品的造型要考虑外部空间环境的特点及总体设计意图，切忌生搬硬套；

c. 建筑小品的造型要考虑外部空间环境的特点及总体设计意图，防止腐蚀、变形、褪色等现象的发生而影响整个环境的效果；

d. 对于批量采用的建筑小品，应考虑制作、安装的方便，并进行经济效益的分析。

②建筑小品的种类

建筑小品的种类甚多，根据它们的功能特点，可以归纳为以下几大类：

a. 城市家具：建筑群外部空间中的城市家具主要是指公共桌、凳、座椅，它不仅可以供人们在散步、嬉戏之余坐下小憩，同时又是外部环境中的一景，起到丰富环境的作用。城市家具在外部空间中的布置受到场所环境的限定，同时又具有很大的随意性，但又决不是随心所欲的设置，而是要求与环境谐调，与其他类型的建筑小品及绿化的布置有机地结合，形成一定的景观气氛，增强环境的舒适感。

b. 种植容器。种植容器是盛放各种观赏植物的箱体，在外部环境设计中被广泛采用。种植容器的设置要注意环境要求，活泼多样固然是它的特点，但决不能杂乱无章、随心所欲，否则将会破坏景观，造成负面的效果。在设置时要进行视线的分析和比较，以求景观的最佳效果。如果运用得体，它不仅能给整体景观锦上添花，而且还能在空间分隔与限定方面取得特殊效果参见彩图26、彩图29、彩图30。

种植容器根据不同环境气氛的要求，在设置时是丰富多样的。由于设置意义的差别，种植容器不论在选材上，还是在体量上均有所不同。在开放性的环境中，种植容器应采用抗损能力强的硬质材料，一般以砖砌或混凝土为主，有些较大的花池、树池底部可直接与自然松软地面相接触而不需加箱底；在封闭性的环境及室内花园或共享大厅内，种植容器则应采用小巧的陶瓷制品。

c. 绿地灯具：也称庭园灯、草皮灯。它不同于街道广场的高照度路灯。一般用于庭院、绿地、花园、湖岸、宅门等位置，作为局部照明，并起装饰作用；功能上要求其舒适宜人，照度不宜过高，辐射面不宜过大，距离不宜过密；白天看去是景观中的必要点缀，夜幕里又给人以柔和之光，是城市夜景的重要组成部分，使建筑群显得宁静典雅。

d. 污物储筒：污物储筒包括垃圾箱、果皮箱等是外部空间环境中不可缺少的卫生设施。污物储筒的设置，要同人的日常生活、娱乐、消费等因素相联系，要根据清除的次数和场所的规模以及人口密度而定；污物储筒的造型应力求简洁，并考虑方便清扫。

e. 环境标志。环境标志也是建筑群外部空间中不可缺少的要素，是建筑群中信息传递的重要手段。

环境标志因功能不同而种类繁多，常见的以导向、告示及某种事物的简介居多。在设计上要考虑它们的特殊性，要求图案简洁概括、色彩鲜明醒目、文字简明扼要等。

③围栏护柱

作为围栏，不论高矮，在功能上大多用于防止和阻碍游人闯入某种特定区域。一般用于花坛的围护或区域的划分。色彩的处理应以既不灰暗呆板，又不艳丽俗气为宜，白色是较理想的颜色，不仅易与各种颜色取得和谐，而且在绿丛的衬托下，会使围栏显得洁净素雅和大方。

护柱是分隔区域限定游人和车流用的。护柱的设置应考虑具有一定的灵活性，易于迁移。若造型简洁、设置合理，同样会给建筑群外部环境带来特别的气氛参见彩图19。

④小桥汀步

小桥汀步是水面的外部空间处理中常见的一类建筑小品。桥可联系水面各风景点，并可点缀水上风光，增加空间的层次。汀步同样具有联系水面各景点的功能，所不同的是汀步别具特色，犹如漂浮水面的"浮桥"，使水面更具趣味性。

⑤亭廊、花架

亭廊具有划分空间的功能，同时也具有空间联系的功能，花架也有亭廊的功能。花架可供植物攀缘或悬挂，它的布置形式可以是线状而发挥廊的功能，也可以是点状起到亭廊的作用。

⑥地面铺装

地面铺装的设计是景园布置的重要内容之一。一般来说，场地的室外部分除去有植被覆盖的地面，均需要采用某种形式的地面铺装，比如广场、庭院、通道等。铺装最明显的功用是保护地面，承受磨压，为人的活动创造更合适的条件。地面的不同铺砌形式能够标志不同区域的性质以及活动的区别，暗示空间的划分，有助于人们分辨出各区域的不同特点。地面铺装所选用的材料、尺寸以及铺砌组合成的图案会对空间的尺度及比例产生影响。铺装的色彩、质地、铺设形式也能创造视觉趣味，增强空间的个性，比如严肃、活跃、粗犷、细腻等参见彩图18、彩图20、彩图21。

如同其他内容的布置一样，地面铺装的布置也应有利于整个设计的统一，这是一条基本原则。对铺装的布置应与其他内容的组织同时考虑，以便使铺装地面在视觉及功用等各方面都能被统一在整体中，为特定的区域所选择的铺装材料和形式应符合该区域预计的视觉与使用效果。一般来说，没有任何一种铺装材料能够适用所有的场合，常见的那种全部采用沥青铺地的做法是过于简单化的，但材料的变化也不宜过多，应有一种占主导地位以建立整体统一的和谐。铺装图案的设计不宜过于繁琐复杂，以免造成视觉的杂乱。从某种程度上说，如果不同区域的使用要求及空间特性有所不同，那么铺装的材料或形式最好有所变化，以方便人们识别。反之，在同一区域内，地面铺装的形式一般应保持一致。

根据不同的使用要求，地面铺装可使用多种材料，如卵石、砾石、石板、条石、陶瓷地砖、混凝土、沥青等。卵石、砾石、天然的散石常被用来铺砌庭园中的小路或用在内院、天井等比较亲切的环境中，以增加天然性和多变的趣味性。当它们被大面积使用时，则又具有另一种粗犷的性格。成型的石材、陶瓷地砖有广泛的应用范围，在环境质量要求较高的公共场合，比如广场中，规则的石材地砖是常被采用的材料。它们规则的形状及表面性格十分符合庄重、大方、正式的特性要求。与此同时，它们也有多种的铺砌组合方式，也能适应其他空间特性的要求，所以成型的石材与陶瓷地砖也常用于庭园、院落等较为亲切的地方。混凝土、沥青属塑性材料，具有适应面广，施工方便，坚固耐用，造价较低等优点。它们的缺点是景观效果较差。在对景观要求不高的情况下，它们几乎可以用于各种场合，既可用来铺装广场，也可用于铺装庭园小路，而且因为是塑性材料，尤其适合于一些不规则的和曲线形的地面上。在这些地方，规则的块状铺装材料往往难以处理边缘效果。总的来说，不同的材料具有不同的适用特点，对它们应根据使用功能和景观要求综合考虑。

　　图4-19的地面铺装充分体现了规则与自由的对比，规则种植的树木起到了很好的围合作用，使场地功能划分明确。

　　图4-20的地面铺装很好地划分了场地功能。

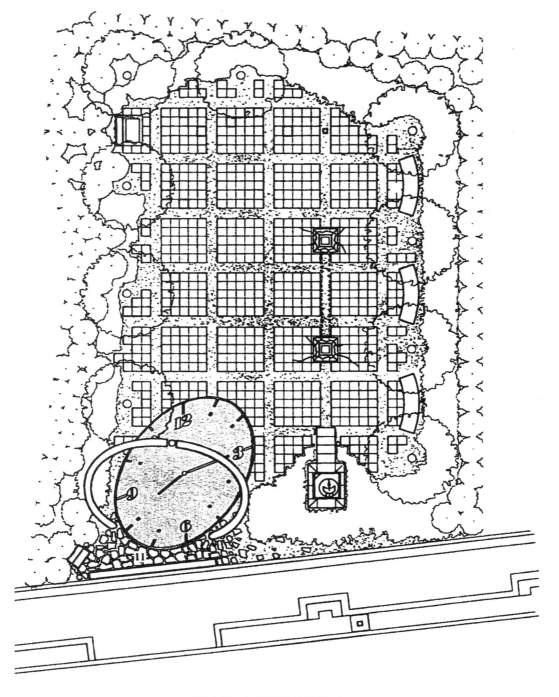

图4-19　地面铺装效果图（一）

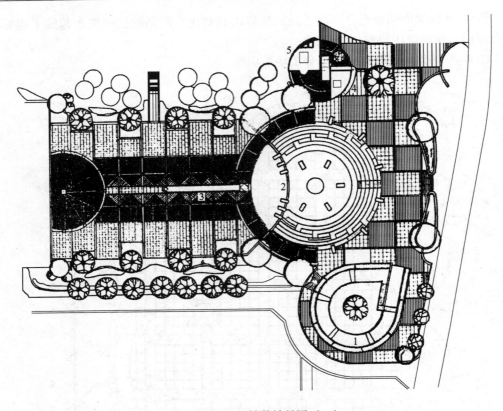

图 4-20 地面铺装效果图（二）

⑦室外台阶

由于基地原始的地形条件或者是因为各项内容的安排，在场地的景园布置中常需要设置台阶、坡道来联系不同高度的区域。在另外一些时候，不同区域的高度变化可能会是特意创造的，这时台阶就具有了更重要的意义，成为划分空间、标识区域界限的要素，提醒行人由一个区域进入到另一区域的变化。在台阶的总体高度或宽度较大时，它本身会成为景观中的一个显著的元素，起到吸引注意力，丰富场地景观构成的作用，具备独立的审美功能。此外，台阶若设计得当，还可以充当座椅的功能，成为人们休息停留的落脚点（见图 4-19 及彩图 19、彩图 22、彩图 23）。

在设计室外的台阶时，有几个问题需要注意：

一是尺寸问题。一般来说，室外的台阶比室内台阶应更为平缓宽大一些。其每一级的高度应稍低一些，踏面应更大一些。这样更符合人在室外活动的特点，使人行走起来感到舒适方便，反之会使人感到很不适。而且室外空间比较开阔，台阶的尺寸稍大一些更易与环境协调。

二是安全问题。如果台阶的级数较多或宽度较大，那么则应设置扶手栏杆，方便行人上下。对于宽度较大的台阶，一般每隔 6~9m 即应设置一组扶栏。在多冰雪地区，台阶上有冰雪很容易使人滑倒。这种情况下，一方面要避免不必要的高差变化，减少台阶的设置。另一方面应将台阶设计得更为宽阔平缓，选用防滑材料，设置防滑措施以利行走的安全。

设计台阶的又一条指导原则是：一般踏步至少应设三步，如果设计一步台阶，发生的这种高度变化往往很不容易被人们注意到，而使行人摔跤。对用于毗邻路面相同材料建造的台阶来说尤其会发生这种情况。高度变化应明显，足以容易分辨，让行人有时间来相应调整自己的视觉器官和步伐。如果坡度变化不允许设计散布台阶，就应改用坡道。

台阶是处理场地平面高度变化的几种手段之一。采用台阶，与采用帮助行人从一个平面高度升到另一平面高度的另一种主要手段斜坡道相比，台阶有几个明显的优点和缺点。

台阶的优点：它们只需较小的水平距离来控制垂直高度的变化。虽然，确切的水平距离随踏步的尺寸和所涉及的坡度变化而异，但是，它总是比坡道所要求的距离小得多。因此，台阶在空间利用方面效用相当高，尤其是在用地紧张、场地受到限制的情况下是特别有用的。这就是台阶比坡道应用更广泛的理由之一；再者，它们能用多种材料建造，使台阶几乎可适用于任何情况。石块、砖、混凝土、木材、铁路枕木甚至砾石（如果集装起来）都是台阶的可用材料。

在平面规划图中，台阶具有强烈的线条感，这些线条可以有机组织，形成引人注目的形式和图案，这些形式和图案相协调。此外，这些线条本身还可构成引人入胜的图案，吸引其注意力，并把该注意力转向空间。由台阶所形成的线条图案还可与光线和色调相互作用，进一步增加它们的情趣。除了视觉功能外，台阶还可用作随意就座的地方。台阶的这种用途特别在多用途或面积有限的都市特别适用。或者，台阶可综合布置成半圆形露天倾斜看台作为就座的地方。在其他情况下，不管设计时是否考虑到，人们往往坐在踏步上，特别是当人们俯视一个地方的活动时更是如此。如图 4-20 中心部分台阶具有很强的线条感，并且可以坐在宽阔的台阶上欣赏水池中的激光音乐喷泉，既强调了中心，又突出了主题。

台阶的缺点：它们不能通过装有轮子的车辆（如婴孩车、自行车及轮椅）。除此之外，台阶往往使老年人及行动不便的残废人难以使用，对这些人来说，台阶成为障碍物妨碍他们自由地不受阻碍地通过该环境。遗憾的是，由于台阶的存在，装有轮子的车辆或行走困难的人都不能到达许多外部环境地段。我们进行场地设计时，每设计一个台阶，也就是在设置障碍，除非给不能使用台阶的人提供另一种路径作替代。

⑧坡道

联系不同高度的区域除采用台阶之外还可以采用坡道。特别是在考虑无障碍设计时，如果以台阶作为主要的连接方式，那么则应在附近附设坡道，以方便乘轮椅等行动不便者的通行。与台阶相比，坡道既有优点又有缺点。坡道具有比台阶平缓得多的整体坡度，所以它可以使不同高度区域之间的过渡更自然。行走在坡道上，人们能连续地穿越在不同区域之间，这比台阶更自由。但由于所需的适宜坡度的限制，对于同样高差而言，坡道所需的长度则要比台阶长得多。所以在空间狭小之处坡道是不太适用的，这也是台阶比坡道更普遍的原因。

⑨座椅

座椅等可供人们就座休息的设施是室外环境中所不可缺少的，它们的布置是景园布置的内容之一，它们为人们在室外环境中的多种活动提供支持，供人们休息、等候、交谈或观赏景物，这些活动是人在室外环境中的基本活动。如果缺少了这类设施，上述活动的进行将受到阻碍，这一环境就有了缺憾。因而，休息设施的布置与人们在环境中舒适感和愉快感的达成有密切关系，也因此而影响着场地环境的综合质量。

座椅的布置应有明确的目的性，应与一定的活动有关系，比如设置在活动场所的附近，场地中人行通道的一侧、广场的周围，或者是布置在良好景观的对面、安静的庭院之中等等。可以满足人们的行为需求，并容易被人所利用，提高其应用的效率，这样它才是更有意义的。

座椅的布置还需考虑到本身形式的舒适性。在景园中，座椅常被布置在空间的边缘而不是位于中央。这是因为，如果位于中央，则是处于视线汇集之处，加上空间中往来行人的活动会使就坐者缺乏安定感。而位于边缘，常可背靠墙、树木、栅栏等，有所依凭，使人感到更舒适安稳，而且背靠边缘面向中央会有较开阔的视野，这也更符合人的行为心理特点。由于同样的原因，座椅也常被布置在树下、花棚、花架的下面等位置，使人感觉受到某种程度的围蔽包容，增加心理上的安定感。同时，上部有所遮挡，在夏季也更为阴凉，避免日晒。当然向阳的位置在秋冬季更为舒适，但在温暖的季节里人们才更多地到室外就坐休息。

室外的座椅可采用多种材料制作，但一般来说座面用木材等暖性材料是最合适的，因为修建、管理等方面的原因，砖、石、混凝土、金属等也常用作座面材料，但其舒适度不如木材。另外，座椅的设计还应具有合适的尺寸，符合人体学的特点，这样才更为舒适实用。参见彩图25、彩图27

⑩其他

景园设施除了上述内容之外，还包括标志牌等等内容，在有夜间活动要求的地方，应包括园灯等室外照明设施。由于特定的功能和形式，这些设施的体量虽小，但却容易为人们所注意，它们也同样是场地的主要细部，如果选材正确，布置得当，这些小的设施能够起到很好的活跃和点缀景观的作用，反之则容易对景观起到负作用，因而对这些设施的布置也绝不可掉以轻心。

建筑小品除以上类型外，还有景门、景窗、铺地、喷泉、雕塑等类型。在建筑群外部空间设计中，只要根据环境功能和空间组合的需求，合理选择和布置建筑小品，都能使建筑群体空间获得良好的景观效果。参见彩图24、彩图26、彩图28

（2）建筑小品在外部空间中的运用

①利用建筑小品强调主体建筑物

建筑小品虽然体量小巧，但在建筑群的外部空间组合中却占有很重要的地位。在建筑群体布局中，结合建筑物的性质、特点及外部空间的构思意图，常借助各种建筑小品来突出表现外部空间构图中的某些重点内容，起到强调主体建筑物的作用。

②利用建筑小品满足环境功能要求

建筑小品在建筑群外部空间的组合中，虽不是主体，但通常它们都具有一定的功能意义和建筑装饰作用。例如，庭院中的一组仿木座凳，它既可供人们在散步、嬉戏之余坐下小憩。同时，它又是外部环境中的一景，丰富环境空间，增添生气。

③利用建筑小品分隔与联系空间

建筑群外部空间的组合中，常利用建筑小品来分隔与联系空间，从而增强空间层次感。在外部空间处理时用上一片墙或敞廊，可以将空间分成两个部分或是几个不同的空间，在这墙上或廊的一侧开出景窗或景门，不仅可以使各空间的景色互相渗透，同时还可增强空间的层次感，达到空间与空间之间具有既分隔又联系的效果。

④利用建筑小品作为观赏对象

建筑小品在建筑群外部空间组合中，除具有划分空间和强调主体建筑等功能外，有些建筑小品自身就是独立的观赏对象，具有十分引人的价值。对它们恰当地运用，精心地艺术加工，使其具有较大的观赏价值，并可大大提高建筑群外部空间的艺术表现力。

应当注意，建筑群外部空间的类型、性质及规模等不同，所采用的建筑小品在风格上、形式上应有所区别，应符合总体设计的意图，取其特点，顺其自然，巧于点缀。

4.5 规划设计的表达

4.5.1 设计文件

方案修改完成后，详尽的施工文件开始准备。这些文件包括：
道路布置图；
停车布置图；
竖向布置图；
管线布置图；
景园布置图；
其他相关文本文件等。

4.5.2 常用图例

根据《建筑设计资料集（第二版）》中的规定，场地设计所涉及的常用图例：
地形图例见表 4-15。
总平面图例见表 4-16。
竖向设计图例见表 4-17。
绿化及管线图例见表 4-18。

表 4-15 地形图图例（GB 7929—87）（选摘）

编　号	符　号　名　称	1:500　1:1000　1:2000	简　要　说　明
	2　测量控制点		
2.2	三角点 凤凰山——点名 396.468——高程	△ 凤凰山 / 396.468 3.0	国家等级的三角点，精密导线点符号

续表

编　号	符　号　名　称	1:500　1:1000　1:2000	简　要　说　明
2.3	小三角点 横山——点名 95.93——高程	$\triangledown$　$\dfrac{3.0}{}$　横山 　　95.93	5″、10″小三角点按此符号表示
2.5	导线点 116——等级、点号 84.46——高程	2.0 □　$\dfrac{I16}{84.46}$	一、二级导线点用此符号表示
2.6	图根点 　a. 埋石的 　　N16——点号 　　84.46——高程 　b. 不埋石的 　　25——点号 　　62.74——高程	*a*　1.5 ◇　$\dfrac{N16}{84.46}$ 　　　2.5 *b*　1.5 ○　$\dfrac{25}{62.74}$	指在高级点下加密的解析点及导线点
2.7	水准点 Ⅱ京石5——等级、点号 32.804——高程	2.0 ⊗　$\dfrac{Ⅱ京石5}{32.804}$	国家等级的水准点均用此符号表示
	3　居民地		
3.1	一般房屋 　砖——建筑材料 　3——房屋层数	砖3　　1.5　　2	以钢筋混凝土为主要材料建筑的坚固房屋和以砖（石）木为主要材料建筑的普通房屋均以一般房屋符号表示
3.2	简易房屋		以木、竹、土坯、秫秸为材料建造的简易房屋
3.3	特种房屋	1.5 　　1.5	有纪念意义的特种房屋一般需要永久保留，不论何种建筑材料，均用此符号表示，并加注明或专有名称
3.6	棚房	45°　1.5	指有顶棚，四周无墙或仅有简陋墙壁的建筑物
3.17	台阶	0.5 0.5　　0.5	台阶在图上不足绘三级符号的不表示
	4　工矿企业建筑物和公 　　共设施		

续表

编 号	符 号 名 称	1：500　1：1000　1：2000	简　要　说　明
4.20	露天设备	1.0 ⊙ 2.0　2.0	指装置在室外的生产设备，如反应锅、化工的催化、裂化设备等
4.21	路灯	2.0　1.5 ⊙ 4.0　1.0	主要桥梁、广场、街道等处突出的、新型装饰性的路灯用此符号表示。一般街道路灯不表示
4.28	假石山	4.0　2.0 1.0	指在公共场所建造的一种装饰性的设施，测绘实际范围，填绘符号
	5　独立地物		
5.18	坟地　　a. 坟群　　b. 散坟　5——坟个数	a ⊥ 5 ⊥　b 2.0　2.0	指坟墓比较集中的坟群和公墓。实测范围，散列配置符号，坟的个数根据需要注出
5.20	水塔	2.0　1.0 ⊥ 3.5　1.0	水塔不分结构用此符号表示
	6　道路及附属设施		
6.1	铁路	0.2　10.0　10.0　0.2　　0.8　0.5　0.5	指按标准轨（轨距为 1.435m）表示的铁路
6.2	电气化铁路	0.2　8.0　1.0　0.2　　0.8　1.0　10.0	指以电力机车为牵引动力的标准铁路
6.9.4	色灯信号机　　a. 高柱　　b. 矮柱	a 1.0 4.0　1.0　b 1.0 2.0　4.0	信号机是指示火车进出站场的信号设备
6.15	公路	0.15　沥　砾　0.3	指有坚固的路基，路面铺设水泥、沥青、砾石、碎石等材料，常年可通行汽车的道路。图上两粗线间宽度指铺面宽度，应注记铺面材料。图上两细线间宽度指路基宽度

编　号	符　号　名　称	1:500　1:1000　1:2000	简　要　说　明
6.23	大车路	0.15 ⎯⎯ 8.0 ⎯⎯ 2.0 ⎯⎯ 0.15 ⎯⎯⎯⎯⎯⎯⎯⎯	指路基未经修筑或经简单修筑能通行大车的道路，某些地区也可通行汽车
6.25	小路	0.3 — ⎯ 4.0 ⎯ 1.0 ⎯ —	小路是乡村中次要道路及通行困难地区供单人单骑行走的道路
	7　管线和垣栅		
7.1 7.1.1	电力线 　高压	4.0	电力线分为输电线和配电线，输电线路均为高压线，配电线路一般为低压
7.1.2	低压	4.0	
7.1.3	电杆	1.0	
7.1.4	电线架		
7.1.5	电线塔（铁塔） 　a. 依比例尺的 　b. 不依比例尺的	a 1.0 b	
7.1.6	电线杆上的变压器	1.0 2.0	
7.2	通信线及入地口	1.0　　2.0	长期固定的电话线、广播线均用此符号表示
7.4 7.4.1	管线 　架空的 　a. 依比例尺的 　b. 不依比例尺的	a　⎯⊠⎯ 热 ⎯⊠⎯ 1.0 b　⎯■⎯ 水 ⎯■⎯	管线的类别简注为： 　上水—水、下水—污或雨、煤气—煤、热力——热、电力——电、电信——信（或话、长、广、讯）、工业管道——氧、氢、乙炔、石油、排渣等
7.4.2	地面上的	1.0　　10.0 ⎯○⎯ 排渣 ⎯○⎯	
7.4.3	地面下的	⎯ ⎯ 污 ⎯ 4.0 ⎯ 1.0	

续表

编号	符号名称	1:500 1:1000 1:2000	简要说明
7.5 7.5.1	地下检查井上水	⊖□2.0	地下管线检修井按实际位置测绘，不区分井盖形状均用此符号表示
7.5.2	下水（或污水）	⊕□2.0	
7.5.3	雨水	⊕□2.0	
7.5.4	下水暗井	◬□2.0	
7.5.5	煤气、天然气	⊖□2.0	
7.5.6	热力	⊕□2.0	
7.5.7	电信人孔	⊘□2.0	
7.5.8	电信手孔	2.0 ▱□2.0	
7.5.9	电力	⊙□2.0	
7.5.10	工业	⊖□2.0	
7.5.11	石油	⊕□2.0	
7.5.12	不明用途	○□2.0	
7.6	污水箅子	2.0 ⊜　▭□1.0 2.0	城市街道及内部道路路旁污水箅子用此符号表示。符号按实际情况沿道路边线绘出
7.7	消火栓	1.5 2.0□⊖□3.5	室外地上和地下的消火栓，均用此符号表示
7.8	阀门	1.5□⊖□3.0	大型突出的阀门用此符号表示
7.9	水龙头	2.0□⊤□3.5	室外饮水、供水龙头均用此符号表示
7.12 7.12.1 7.12.2	围墙 砖、石及混凝土墙 土墙	10.0 10.0 0.5 0.3 ─ 10.0 ─ 0.5	

编 号	符 号 名 称	1:500 1:1000 1:2000	简 要 说 明
7.13	栅栏、栏杆	10.0 1.0	各种类型栅栏、栏杆，如铁栅栏、木栅栏、砖、石、混凝土柱或基座的铁栅栏、石板为栏的等均用此符号表示
	8 水系及附属设施		
8.1	河流、溪流、湖泊、池塘、水库 a. 水涯线 b. 高水界 c. 流向 d. 潮流向	a b 0.15 3.0 1.0 c 0.5 d 7.0	水涯线一般按测图时（或摄影时）的水位测定，若水位与常水位相差过大时，可加注测图日期或根据需要以常水位测绘。湖泊、水库、池塘的水域部分，可采用名称注记（无名称的池塘加注"塘"字），也可沿水涯线绘出长短水平晕线，当水域面积较大时，长晕线可不连通，晕线的间隔按面积的大小而定
8.5.1	沟渠 一般的	0.3	沟渠是人工修建的，供引水、排水的水道
8.5.2	有堤岸的 73.2——堤顶高程 1.2——渠底深度	a 73.2 1.2 b	有堤的水渠，其堤高出地面0.5m以上按有堤岸沟渠符号表示。如堤的内侧未成两层的，以符号"a"表示；当堤的内侧成两层，顶层堤脚与沟缘间有通行地段的，以符号"b"表示
8.5.3	有沟堑的		
8.13	土堤 a. 堤 73.2——堤顶高程 b. 垅	a 73.2 1.5 1.5 3.0 b 0.2	堤高0.5m以上的才表示
	10 地貌和土质		
10.1	等高线及其注记 a. 首曲线 b. 计曲线 c. 间曲线	a 0.15 b 25 0.3 1.0 c 6.0 -0.15	表示地形的等高线分首曲线、计曲线、间曲线。等高线注记其字头朝向高处

编 号	符 号 名 称	1:500 1:1000 1:2000	简 要 说 明
10.2	示坡线		示坡线是指示斜坡向下的方向线，它与等高线垂直相交。应在谷地、山头及斜坡方向不易判读的地方和凹地的最高、最低一条等高线上绘出
10.3	高程点及其注记	0.5——163.2　　🔺75.4	高程点的高程一般注在点位的右方或下方，数字一般注至0.1m
10.7	土堆 3.5——比高		土堆符号以实线绘其顶部概略轮廓，斜坡线绘至坡脚，并测注比高。堆体较大时，范围线实测表示
10.8	坑穴 2.3——深度		坑穴是地表突然凹下的部分，坑壁较陡，坑口有较明显的边缘。需测注坑底高程或坑穴深度
10.9.1	斜坡 a. 未加固的 b. 加固的		各种天然形成和人工修筑的坡、坎，其坡度在70°以上时表示为陡坎，70°时表示为斜坡。斜坡、陡坎均区分未加固的和加固的（指用砖、石、水泥加固的）。斜坡、陡坎符号的上沿实线应与斜坡、陡坎的上缘棱线一致。斜坡符号的长线一般绘至坡脚，当坡面较宽且有明显坡脚线时，可测绘范围线。
10.9.2	陡坎 a. 未加固的 b. 加固的		
10.10	梯田坎		指依山坡、谷地和平丘地由人工修成的阶梯式农田的陡坎用此符号表示。梯田坎需适当量注比高或测注坎上坎下高程。梯田坎比较缓且范围较大时也可用等高线表示。
10.15	陡崖 a. 土质的 b. 石质的		指形态壁立，难于攀登的陡峭悬崖。分为土质的和石质的，分别用相应的符号表示。陡崖符号的实线表示崖壁上缘位置
10.16	冲沟 3.5——深度注记		指地面长期被雨水急流冲蚀逐渐深化而形成的大小沟壑。图上宽度大于5mm时，需加绘沟底等高线。

续表

编　号	符　号　名　称	1:500　1:1000　1:2000	简　要　说　明
10.20	石块地		指岩石受风化作用而形成的碎石块堆积地段。在其范围内用两个石块符号组合表示
	11　植物		
11.2 11.2.1	林地 面状的	 1.5 松6	指郁闭度（树冠覆盖地面的程度）在0.3以上的成林和幼林乔木林地
11.6	独立树 a. 阔叶 b. 针叶	1.5　　3.0 3.0　　　0.7 0.7 a　　　b	指有良好方位作用的单棵树木。按阔叶、针叶、果树、棕榈等分别用相应的符号表示
11.10	灌木林 a. 大面积的 b. 独立灌木丛 c. 狭长的	a　1.0 0.5 b 5.0 c.1 10.0　　3.0 c.2	指覆盖度在0.4以上的灌木（无明显主干、支干的木本丛生植物）林地。沿道路、沟渠分布较长的狭长灌木林用"c.2"表示
11.12	花圃	1.5 1.5　　10.0 10.0	花圃用此符号表示。街道、道路旁规划的绿化岛、花坛及厂矿企业、机关学校的正规花圃亦用此符号表示
11.13	草地	1.5 0.8　　10.0 10.0	指草类生长比较茂盛，覆盖地面达50%以上的地区，如干旱地区的草原，山地、丘陵地区的草地、沼泽、湖滨的草甸等，不分草的高矮，均用此符号表示

续表

编　号	符　号　名　称	1:500　1:1000　1:2000	简　要　说　明
11.17	经济林	1.5　3.0 梨　10.0 10.0	经济林包括乔木类（如油桐、桑柞、橡胶、椰子和各种果树林）和灌木类（如茶树、油茶、葡萄等）。实测范围，配置符号，分别加注树种名称，如"桐"、"苹"、"茶"等字
11.18	经济作物地	0.8　3.0 蔗　10.0 10.0	指由人工栽培，种植比较固定，一般为多年生长的作物（如甘蔗、麻类、香蕉、药材等）。实测范围，配置符号，分别加注作物名称，如"蔗"、"麻"、"蕉"等字
11.19	水生经济作物地	0.5 3.0　藕	比较固定的水生经济作物，如菱角、藕、茭白等用此符号表示
11.20 11.20.1	耕地 水稻田	0.2 2.0 10.0 10.0	耕地分水稻田、旱地和菜地。耕地内的田埂用相应的符号表示。田埂宽度在图上大于1mm的以双线表示。水稻田与旱地在图内分布最多的一种可不绘符号，在图外加附注
11.20.2	旱地	1.0 2.0　10.0 10.0	指水稻田以外的农作物耕种地
11.20.3	菜地	2.0 2.0　10.0 10.0	较固定的常年种植、面积较大的菜地，用此符号表示。市郊有喷灌设备的菜地需加注"喷灌"二字

表 4-16　总平面图例

序　号	名　称	图　例	备　注
1	新建建筑物	8　▲	"▲"表示出入口，右上角的点数或数字表示层数
2	原有建筑物		用细实线表示

续表

序　号	名　称	图　例	备　注
3	计划扩建的预留地或建筑物		用中粗虚线表示
4	拆除的建筑物	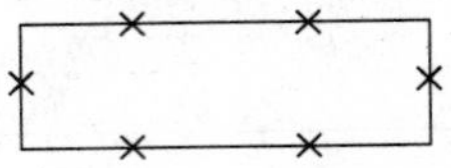	用细实线表示
5	建筑物下面的通道	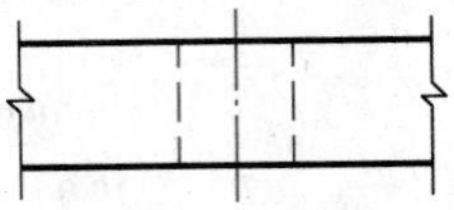	
6	坐标	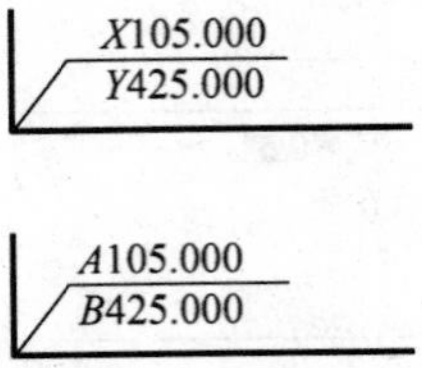 X105.000 Y425.000 A105.000 B425.000	上图表示测量坐标，下图表示建筑坐标
7	新建的道路	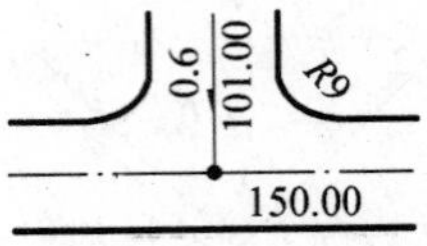 0.6　101.00　R9 150.00	"R9"表示转弯半径为9m，"150.00"为路面中心标高，"0.6"表示纵向坡度为0.6%，"101.00"表示变坡点间距离
8	道路曲线段	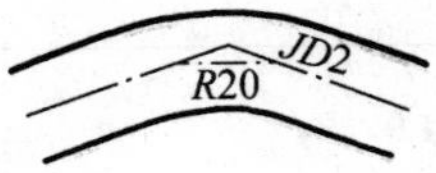 JD2 R20	"JD2"为转折点编号，"R20"表示中心线曲线半径为20m
9	原有的道路	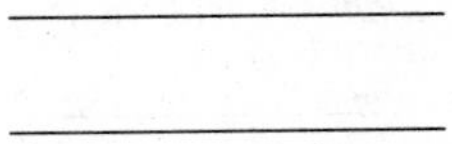	
10	计划扩建的道路	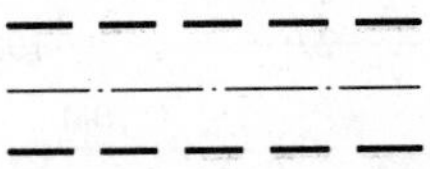	
11	拆除的道路	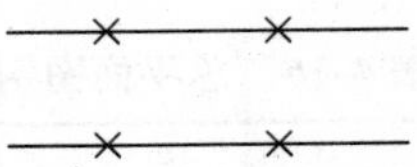	
12	城市型道路路面断面	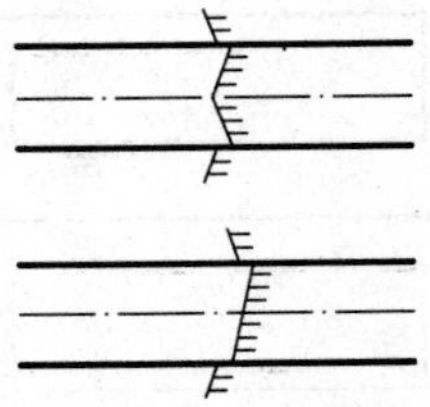	上图为双坡，下图为单坡

续表

序号	名称	图例	备注
13	公路型道路路面断面	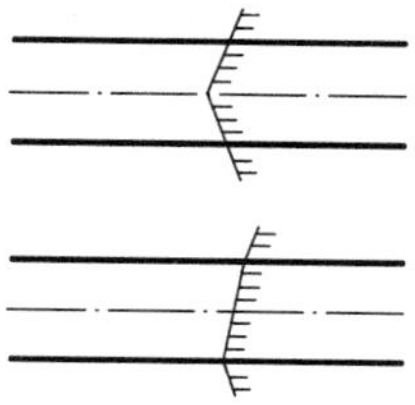	上图为双坡,下图为单坡
14	人行道	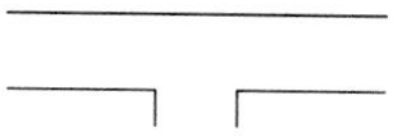	
15	三面坡式缘石坡道	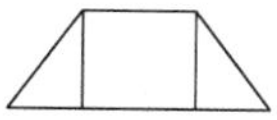	
16	单面坡式缘石坡道	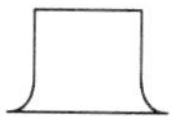	
17	全宽式缘石坡道		
18	铺砌地面	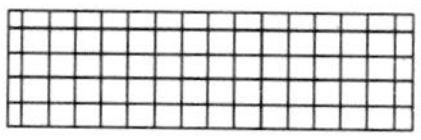	
19	围墙及大门	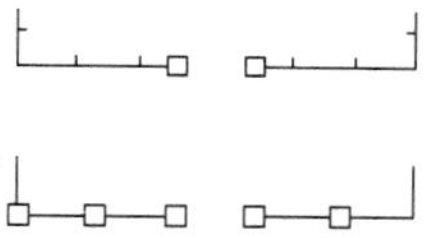	上图为实体性质的围墙,下图为通透性质的围墙,若仅表示围墙时不画大门
20	台阶	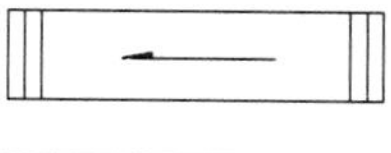	箭头指向表示向下

表4-17 竖向设计图例

序号	名称	图例	备注
1	室内标高	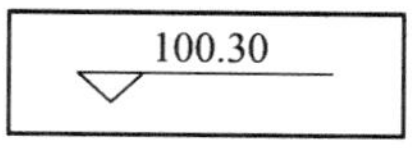 100.30	
2	室外标高		室外标高也可以采用等高线表示
3	地表排水方向		

续表

序 号	名 称	图 例	备 注
4	分水脊线和集水谷线		
5	填挖边坡		
6	护坡		
7	挡土墙		土壤在"突出"一侧
8	方格网交叉点标高	−0.50 77.85 / 78.35	"78.35"为原地面标高， "77.85"为设计标高， "0.50"为施工高度， "−"表示挖方， "+"表示填方
9	填方区、挖方区、未整平区及零线	+ / −	"+"表示填方区 "−"表示挖方区， 中间为未整平区， 点划线为零线
10	洪水淹没线		阴影部分表示淹没区
11	排水明沟	107.90 / 107.50 1 / 40.00	"1"表示沟底纵坡为1%， "40.00"表示沟长， 箭头表示水流方向， "107.50"表示沟底标高， "107.90"表示沟顶标高

序 号	名 称	图 例	备 注
12	有盖的排水沟	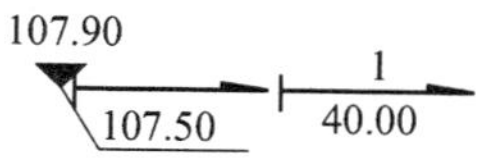 107.90 107.50 1 40.00	"1"表示沟底纵坡为1%，"40.00"表示沟长，箭头表示水流方向，"107.50"表示沟底标高，"107.90"表示沟顶标高
13	雨水口		

图 4-18 绿化及管线图例

序 号	名 称	图 例	备 注
1	常绿针叶树	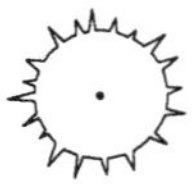	
2	落叶针叶树		
3	常绿阔叶乔木		
4	落叶阔叶乔木		
5	常绿阔叶灌木		
6	落叶阔叶灌木		
7	竹类		
8	花卉		
9	草坪	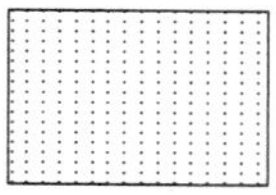	

续表

序 号	名 称	图 例	备 注
10	花坛	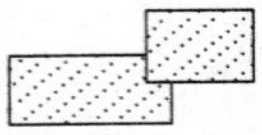	
11	绿篱		
12	植草砖铺地	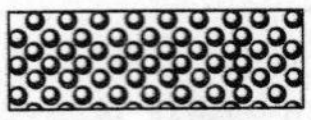	
13	直埋管线	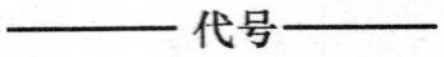 ——代号——	管线代号按国家现行有关标准的规定标注
14	地沟管线	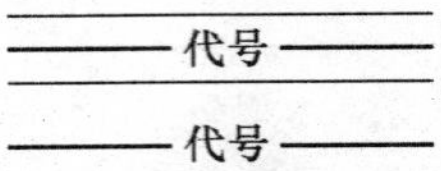 ——代号—— ——代号——	上图用于比例较大的图面,下图用于比例较小的图面,管线代号按国家现行有关标准的规定标注
15	管桥管线	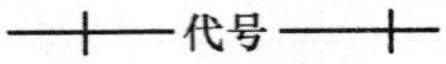 —╂—代号—╂—	
16	架空电力、电信线	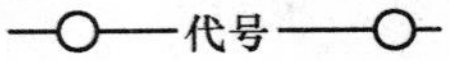 —○—代号—○—	"○"表示电杆,管线代号按国家现行有关标准的规定标注

5

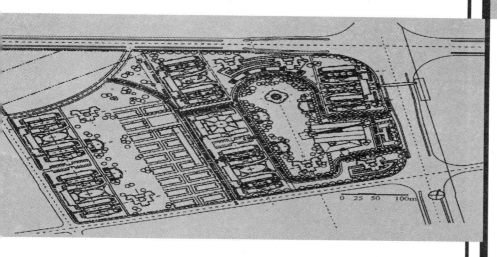

典型场地

5 典型场地

5.1 城市广场

5.1.1 城市广场的构成

城市广场是城市中由建筑等围合或限定的城市公共活动空间，通过这个空间把周围的各个独立的组成部分结合成整体。城市广场有一定的功能或主题，围绕该主题设置的标志物、建筑以及公共活动场地是构成城市广场的三要素。城市广场作为外部空间应与建筑的内部空间互为延伸及补充。城市广场是城市空间形态中的节点，它突出地代表了城市的特征，与广场周围建筑物及其中间的标志物有机地统一着城市的空间构图。

5.1.2 控制广场空间形态的因素与设计要点

城市广场应按城市总体规划定位。其形成与城市的发展及社会因素密切相关，顺应自然开发的城市形态形成了不规则的广场型制，这类广场大多出现在河网及山丘地带的城市中。经过严密组织与规划的城市形成了规则的广场型制，这类广场一般有完美的比例和严谨的构图。

影响广场空间形态的主要因素有：周围建筑的体型组合与立面所限定的建筑环境、街道与广场的关系、广场的几何形式与尺度、广场的围合程度与方式、主体建筑物与广场的关系以及主体标志物与广场的关系、广场的功能等。

城市广场是城市空间形态中的节点，它突出地代表了城市的特征，与周围的建筑物及其中间的标志物有机地统一着城市空间构图。城市广场是某种用途和特征的集中点，道路的交汇点也是城市结构的变换处。为产生清晰有力的城市形象，城市广场设计应注意以下几方面内容：

①集中体现该广场的主题；

②具有特征鲜明的建筑物和空间形态；

③有明确的围合、屏蔽或向心的空间形式；

④有上下、左右、前后的空间方位感；

⑤能通过穿透、重叠、围闭、连接、透视、序列、光影变化等手法表达并阐明空间。

5.1.3 城市广场的规模与尺度

城市广场的规模与尺度，应结合围合广场的建筑物的尺度、形体、功能以及人的尺度来考虑。大而单纯的广场对人有排斥性，小而局促的广场则令人有压抑感，而尺度适中有较多景点的广场具有较强的吸引力。具有特殊主题的广场（如政治集会、纪念性广场）应有相应规模以满足其特殊需求。对于广场的适宜尺度，表5-1、表5-2给了相关数据，可供设计时参考。

表5-1 广场设计相关指标

项 目	数 据	项 目	数 据
平均面积（m^2）	140×60	亲切距离（m）	12
视距与楼高的比值	$1.5 \sim 2.5$	良好距离（m）	24
视距与楼高构成的视角	$18° \sim 27°$	最大尺度（m）	140

表5-2 中外城市广场面积参考

广场名称	面积（ha）	广场名称	面积（ha）
普列也城集会广场	0.35	大同红旗广场	2.9
庞贝城中心广场	0.39	太原五一广场	6.3
佛罗伦萨长老会议广场	0.54	天津海河广场	1.6
威尼斯圣马可广场	1.28	南昌八一广场	5.0
巴黎协和广场	4.28	郑州二七广场	4.0
莫斯科红场	5.0	北京天安门广场	30.0

5.1.4 城市广场的分类

城市广场性质取决于它在城市中的位置与环境、功能及广场上主体建筑与主体标志物等的性质，并以主体建筑物、塔楼或雕塑作为构图中心。城市广场一般兼有多种功能，根据其性质分为：市政广场、纪念广场、交通广场、商业广场、宗教广场、休息及娱乐广场等。

（1）市政广场

用于政治、文化集会、庆典、游行、检阅、礼仪、传统民间节日活动的广场。广场上的主体建筑物是室内的集会空间，广场则是室外集会空间。市政广场上不宜布置过多的娱乐性建筑及设施，如天安门广场。

（2）纪念广场

纪念某一人物或事件的广场。广场中心或侧面以纪念雕塑、纪念碑、纪念物或纪念性建筑作为标志物，主体标志物应位于构图中心，其布局及形式应满足气氛及象征的要求。广场本身应成为纪念性雕塑或纪念碑底座的有机构成部分。建筑物、雕塑、竖向规划、绿化、水面、地面纹理应相互呼应，以加强整体的艺术表现力，如北京的中华世纪坛。

（3）交通广场

它是城市交通的有机组成部分，是交通的连接枢纽，起交通、集散、联系、过渡及停车的作用，广场内部有合理的交通组织。它应满足通畅无阻、联系方便的要求，有足够的面积及空间以满足车流、人流和安全的需要。如车站、港口、码头等交通要塞的广场。

（4）商业广场

用于集市贸易、购物的广场，或者在商业中心区以室内外结合的方式把室内商场与露天、半露天市场结合在一起。商业广场大多采用步行街的布置方式，使商业活动区集中，既便利顾客购物，又可避免人流与车流交叉，同时可供人们休憩、交流、饮食等使用。广场中宜布置各种城市小品和娱乐设施，如天津市文化街等。

（5）宗教广场

布置在教堂、寺庙及祠堂前举行宗教庆典、集会、游行的广场。广场上设有供宗教礼仪、祭祀、布道用的平台、台阶或敞廊。历史上的宗教广场有时与商业广场结合在一起。现代的宗教广场已逐渐起到市政或休息、娱乐广场的作用，如意大利圣彼得大教堂广场等。

（6）休息及娱乐广场

这是城市中专供人休憩、交流、演出及举行各种娱乐活动的广场和绿地，广场中宜布置台阶、坐凳等供人们休息，设置花坛、雕塑、喷泉、水池及城市小品供人们观赏。广场应具有欢乐、轻松的气氛，布局要自由，并围绕一定主题进行构思。如天津市音乐喷泉广场、河北省高碑店市世纪广场等。

此外，在居住区中常布置一些场地，供居民休闲之用。这些场地一般有幼儿游戏场地和活动健身的运动场地等，其中幼儿活动场地要设在住户能看得到的范围内。在住宅的附近，$100 \sim 150m^2$ 可布置硬地、坐凳、沙坑、沙场等设施，学龄儿童游戏场地应结合小块公共绿地布置。$300 \sim 500m^2$ 可布置多功能游戏场器械、游戏雕塑、戏水池、沙场等，青少年活动场地要结合小区公园布置。$600 \sim 1000m^2$ 可布置运动器械、多功能球场等。而成年和老年人休息活动场地可单独设置也可结合各级公共绿地、儿童游戏场地设置，里面布置桌、椅、凳、运动器械、活动场地。

5.1.5 城市广场场地的处理

广场场地在空间上宜采用多种手法，以满足不同功能及环境美学的要求。一般可采用坡地、下沉式、台阶式的处理方法。地面铺砌应根据地方特点，采用植被、硬地或天然状的岩石等组合方式，铺地材料应注意肌理的设计。场地纹理变化可暗示表面活动方式，划分人、车、休息、游戏等功能，对广场特征、气氛和尺度产生影响。它还可以刺激人的视觉和触觉，不同质感可影响人行速度。细的纹理（苔衣、整石铺面、修剪的草地、砂砾等）可用以强调原有地形的品质和形状，增强尺度感成为上部结构的衬托。基地纹理可以为人们提示外部空间的尺度参照。

5.2　市内停车场（库）地

5.2.1　市内停车场（库）的分类

机动车停车场（库）按停放车辆的种类不同，分为小客车停车场、城市公交车停车场、载重货车的停车场（库）以及自行车停车场（库）等；按层数划分，有地面停车场、地下停车场（库）、多层停车场（库）等。

新建或扩建工程应按建筑面积或使用人数，并经城市规划主管部门确认，在建筑物内或同一基地内或统筹建设的停车场或停车库内设置停车空间，主要包括汽车停车场与自行车停车场。

5.2.2　位置、服务半径

市内机动车公共停车场须设置在车站、码头、机场、大型旅馆、商店、体育场、影剧院、展览馆、图书馆、医院、旅游场所、商业街等公共建筑附近，其服务半径为100～300m。

尤其在大型公共建筑中，各种车辆特别是小汽车停车场，应结合总图布局进行合理安排。停车场的位置，一般要求靠近出入口，但要防止影响建筑物前面的交通与美观，因而常设在主体建筑物的一侧或后边。在高层建筑及车辆较多的情况下，要考虑地下停车场，以节约城市用地。

对于聚集大量人流而疏散又比较集中的公共建筑，如演出类建筑、交通类建筑等，应结合我国的实际情况，需要考虑自行车的停车场问题。自行车停车场的布置，主要应考虑使用方便，避免与其他车辆的交叉干扰，故多选择顺应人流方向而又靠近建筑附近的部位。

5.2.3　停车场停车数量及指标

凡新建、改建、扩建的大型旅馆、饭店、商店、体育场（馆）、影剧院、展览馆、图书馆、医院、旅游场所、车站、码头、航空港、仓库等公共建筑和商业街（区），必须配建或增建停车场；专用和公共建筑配建的停车场，原则上应在主体建筑用地范围内。公共建筑附近停车场的车位指标见表5-3。

表5-3　公共建筑附近停车场车位指标

类　　别	单位停车位数	车　位　数
旅　馆	每间客房	0.08～0.20
办公楼	每100m²	0.25～0.40
商业点	每100m²	0.30～7.50
体育馆	每100座位	1.00～2.50

续表

类 别	单位停车位数	车 位 数
影剧院	每 100 座位	0.80～3.00
展览馆	每 100m²	0.20
医 院	100m²	0.20
游览点	100m²	0.05～0.12
火车站	每 100 旅客	2.00
码 头	每 100 旅客	2.00
饮食店	每 100m²	1.70
住 宅	高级住宅每户	0.50

5.2.4 停车位计算

每车所需占用的总面积称为停车位。在场地中，每块停车场的面积可按其所包含的停车位的数量来计算。

由于汽车在车库停放时，除车体本身所占空间外，汽车与墙、柱之间应留有一定余地，以保证打开车门、行驶、调车用。

所以在布局阶段也应对停车场的面积做粗略估算，以便合理控制其规模，但最终面积值的具体落实仍是详细设计阶段的工作。对于地面停车场，一般小汽车的停车面积可按每个停车位 25～30m² 来计算。地下停车场（库）及地面多层式停车场（库），每个停车位面积可取 30～40m²。由公安部、建设部颁布的停车场规划设计规则（试行）（公安部、建设部［88］公（交管）字 90 号 1998 年 10 月 3 日）中对车型外廓尺寸和换算倍数的规定如表 5-4 所示。

表 5-4 车型外廓尺寸（m）和换算倍数

车 辆 类 型	车型外廓尺寸			车辆换算倍数
	总 长	总 宽	总 高	
微型汽车	3.20	1.60	1.80	0.7
小型汽车	5.00	2.00	2.20	1.0
中型汽车	8.70	2.50	4.00	2.0
大型汽车	12.00	2.50	4.00	2.5
铰接车	18.00	2.50	4.00	3.5

有关停车布置，首先应明确停车位的平面尺寸。一般停车位宽度至少应为 2.8m，如果用地不太受限制，采用 3m 的宽度较为理想，这是因为 2m 宽的车停放之后，车与车之间可留下 1m 宽的间隙，开关车门与上下车均较方便。停车位的进深一般取 6m 即可。

在停车场边缘及转角处的停车位应比正常的更大一些，以保证车辆进出方便、安全，特别是在受到建筑物、车道或其他障碍物的限制时更要考虑尺寸上留有余地，一般端部的停车位应比正常的宽 30cm。在架空建筑物下面的停车位宽度应为 3.35m（净高应在 2.1m 以上），而且在布置时应注意到柱子等对车辆进出的影响。停车场的停车带

尺寸与停车位的角度选取有关，具体参数见《汽车库、修车库、停车场设计防火规范》
GB 50067—97，表5-5列出了汽车与汽车、墙、柱之间的间距。

表5-5 汽车与汽车、墙、柱之间的间距

项 目　　间 距　　汽车尺寸（m）	车长<6或 车宽<1.8	车长6.1~8或 车宽<2.2	车长8.1~12 或车宽<2.5	车长>12或 车宽>2.5
汽车与汽车	0.5	0.7	0.8	0.9
汽车与墙	0.5	0.5	0.5	0.5
汽车与柱	0.3	0.3	0.4	0.4

5.2.5 出入口

公共停车场的停车位大于50个时，停车场的出入口数不得少于2个。出入口之间
的距离须大于15m；出入口宽度不小于7m。人员出入口可在车辆进出口的一侧或两侧
设置，其使用宽度应大于两人同时步行宽度（1.6m）。出入口距人行天桥、地道和桥梁
应大于50m。

5.2.6 机动车停车场有关设计参数

机动车停车场有关设计参数参见表5-6。

表5-6 机动车停车场设计参数

项 目　　停车方式		平行式	斜列式				垂直式	
			30°	45°	60°	60°		
		前进停车	前进停车	前进停车	前进停车	后退停车	前进停车	后退停车
垂直通道方向 停车带宽（m）	1	2.6	3.2	3.9	4.3	4.3	4.2	4.2
	2	2.8	4.2	5.2	5.9	5.9	6.0	6.0
	3	3.5	6.4	8.1	9.3	9.3	9.7	9.7
	4	3.5	8.0	10.4	12.1	12.1	13.0	13.0
	5	3.5	11.0	14.7	17.3	17.3	19.0	19.0
平行通道方向 停车带长（m）	1	5.2	5.2	3.7	3.0	3.0	2.6	2.6
	2	7.0	5.6	4.0	3.2	3.2	2.8	2.8
	3	12.7	7.0	4.9	4.0	4.0	3.5	9.0
	4	16.0	7.0	4.9	4.0	4.0	3.5	3.5
	5	22.0	7.0	4.9	4.0	4.0	3.5	3.5
通道宽（m）	1	3.0	3.0	3.0	4.0	3.5	6.0	4.2
	2	4.0	4.0	4.0	5.0	4.5	9.5	6.0
	3	4.5	5.0	6.0	8.0	6.5	10.0	9.7
	4	4.5	5.8	6.8	9.5	7.3	13.0	13.0
	5	5.0	6.0	7.0	10.0	8.0	19.0	19.0
单位停车 面积（m²）	1	21.3	24.4	20.0	18.9	18.2	18.7	16.4
	2	33.6	34.7	28.8	26.9	26.1	30.1	25.2
	3	73.0	62.3	54.4	53.2	60.2	51.5	50.8
	4	92.0	76.1	67.5	67.1	62.9	68.3	68.3
	5	132.0	78	89.2	89.2	85.2	99.8	99.8

注：1—微型汽车；2—小型汽车；3—中型汽车；4—大型汽车；5—铰接汽车。

5.3　居住区

居住区规划设计应遵照以人为本的原则、生态优化的原则、科技先导的原则、综合效益的原则和社区文明的原则。在居住区建设中要走可持续发展的道路，坚持经济、社会和环境三方面效益的全面推进，并驾齐驱，不可偏颇。在一定质量的前提下保持经济增长，在效率与公平的基础上满足社会需求，在经济和环境协调的原则下保证资源的持续利用。

5.3.1　居住区构成

居住区按居住户数或人口规模可分为居住区、小区、组团三级。

居住区也称"城市居住区"，泛指不同居住人口规模的居住生活聚居地和特指被城市干道或自然分界线所围合，并与居住人口规模（30000～50000人，或10000～15000户）相对应，配建有一整套较完善的、能满足该区居民物质与文化生活所需的公共服务设施的居住生活聚居地。

小区也称"居住小区"，是被居住区道路或自然分界线所围合，并与居住人口规模（7000～15000人，或2000～4000户）相对应，配建有一套能满足该区居民基本的物质与文化生活所需的公共服务设施的居住生活聚居地。

组团又称居住组团，指一般被区级道路分隔，并与居住人口规模（1000～3000人，或300～700户）相对应，配建有居民所需的基本公共服务设施的居住生活聚居地。

居住用地（R）包括住宅用地（R_{01}）、公建用地（R_{02}）、道路用地（R_{03}）、公共绿地（R_{04}）四项内容。

5.3.2　场地选择

居住区的正确选址是提高环境质量的首要条件。选址必须在城市总体规划、次区域规划及分区规划的指导下合理进行。充分考虑城市文脉的延续与继承、居民居住意愿与行为方式并兼顾投资环境效果和开发建设的便利。

除此之外，居住区的选址还应充分考虑下列因素：

（1）经济政策因素：小区的选址应结合房改政策的贯彻，对市场的影响，通过调研确定社会定位，以期获得良好的市场回报。

（2）周边环境因素：居住区的选址，应遵循"生活接近自然环境"的原则，选择环境优美，周边自然环境可以利用的地区。要求在开发建设过程中，保留原有地形、地貌、植被和水面，要使小区的建设与城市及地域有广泛的联系，融汇其中。

（3）要避免大气污染、水源污染，远离噪声，避免交通干线的干扰和穿越，保护居住区的居住质量。对已有的不利因素，在规划设计中应进行有效的处置，改善环境质量水平。

《2000年小康型城乡住宅科技产业工程城市示范小区规划设计导则》对居住区场地选择规定如下：

（1）小区选址应在城市规划指导下，选择符合居住功能要求、环境良好、有利于开发建设的新建地区或适宜旧区改建地段。

（2）小区选址应综合考虑所在地区的经济现状与发展趋势、住房制度改革、主要服务对象的经济承受能力，为示范小区的规划建设以及产业的经营与管理创造有利条件。

（3）小区应选择具有良好植被和小气候环境以及有利地形、地貌的地区。必须避免严重的交通、噪声干扰和工农业有害排放物的污染与侵害。

（4）小区所在地段与城市或地区商业中心之间应有较好的通达性和便捷的出行条件。

（5）小区所在地应具备较好的文化教育及医疗卫生等设施。

（6）小区应具备供水、排水、供电、供燃气、电讯、影视接收及供热（北方地区）等市政工程条件，并能方便与城市市政工程管网衔接。

（7）小区用地应具有良好的地质条件。必须避免地质复杂、土壤承载力差、地势低洼又不易排涝等不良的工程地质条件，也应避开风口、滑坡和洪水侵袭的地段。

（8）为了保证小区配套设施的完善，并有利于社区建设，示范小区用地规模宜在10ha以上。

虽然，试点小区只是居住区建设的一部分，但对我国改革开放二十多年中的居住区建设起到了示范作用，具有一定的指导意义，城镇居住区的建设应以此为标准，确实提高居住环境质量。

5.3.3 规划结构

分析居住区的人口密度、区位、环境、规模、功能与用地配置、空间与形态布局、设施配置等种种因素，并将这些因素纳入到城市居住区规划结构的优化研究。

居住区规划结构应考虑以下因素：

（1）居住小区居民构成与居住需求。

（2）居住小区空间及形态的结构与布局。

（3）居住社区生态优先，服务到户，文化与活力，景观共享等规划结构优化的目标原则。

（4）居住社区生活保障，育才与就业，交往与参与，社区运营等系统的构建。

（5）规划单元用地规模与规划结构。

（6）户外整体环境质量及其指标体系的分析。

《2000年小康型城乡住宅科技产业工程城市示范小区规划设计导则》对居住区规划结构规定如下：

（1）小区的规划布局应做到用地配置得当，功能组织合理，布局结构清晰，设施配套齐全，整体协调有序。

（2）要处理好小区与周边城镇地区的关系，协调互补，避免不良的环境影响。

（3）小区的组织结构应按照其规模、方便居民生活、有利邻里交往与物业管理等需要，统筹考虑，灵活确定小区规划结构的分级，合理规划小区结构层次。

（4）要重视小区的空间环境组织及其建筑文化内涵，主体设计应考虑地区特征及个性。

（5）小区用地内非居住性城市设施的布局，要保证小区结构的完整和居住环境质量，避免不利影响。

（6）根据城市总体规划发展方针和远近期结合的原则，示范小区规划应为社区建设的发展留有适当余地。

常见的有如下几种规划结构形式：

（1）小区组团的规划结构形式

采取小区—住宅组团这种比较程式化的模式作为组织小区的基本架构，在我国以多层住宅为主的居住小区规划中普遍采用，其特点就在于规划骨架比较清晰，组团的规模比较均衡，几个组团围合一块公共绿地（或公共中心）人们戏称这种模式为"四菜一汤"。

例如：西安大明宫小区，采用里坊式格局划分组团，保证组团用地的完整性，形成良好的居住环境，如图5-1所示。

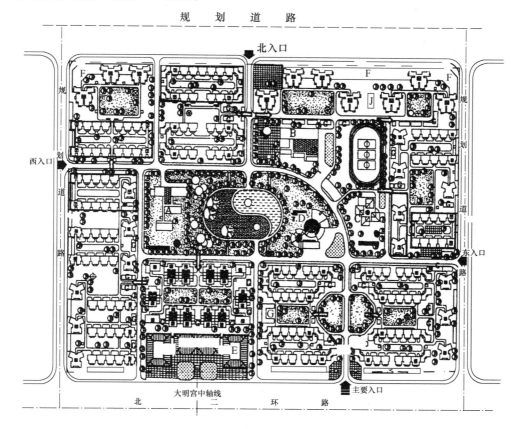

图5-1　西安大明宫小区规划图

（2）小区邻里单位的规划结构形式

采取小区—邻里单位的模式作为组织小区的基本架构。由于居住小区全面推行物业管理，适当扩大住宅间距，结合绿地布置，组合成最接近居民的邻里单位。

　　如上海浦东新区锦华小区，采用整体布局的方法，综合考虑道路、环境、服务系统的关系。以邻里单位组合社区环境，如图5-2所示。

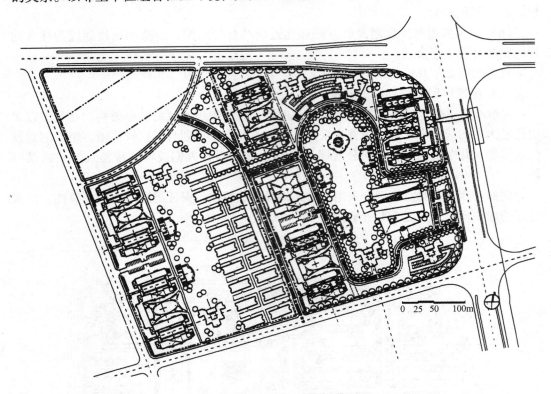

图 5-2　上海浦东新区锦华小区规划图

（3）住宅组群的规划结构形式

　　采取小区—住宅组群的模式作为组织小区的基本架构。由于居住小区全面推行物业管理，提供为小区居民服务的社区活动、安全保卫、环境卫生、设施维护、绿化管理等一系列的居住生活保障体系，作为带有自治行政管理性质的居民委员会很难全面承担起小区的管理工作。由此可见，管理模式的改变，直接影响小区的规划结构。不以固定的组团规模为基础，而是把视点转向组织和丰富居民的邻里交往和居住生活活动内容，组织不同住宅组群，形成各具特色的居住环境空间，成为现代居住小区规划结构的新的思路。

5.3.4　道路与交通

　　道路与交通是居住小区功能中不可缺少的部分。随着社会经济和科学技术的发展，居住小区的交通结构日趋复杂化，居民出行方式的选择日趋多样化。

　　由于各种交通方式之间既互相影响又相互联系，在交通组织上，应使它们既适当分离又合理衔接。对于人与车、机动车与非机动车、快车与慢车的混合与分离，以及对于公共交通、静态交通等都应该统筹安排，彼此兼顾。

　　道路系统是交通组织在物质空间上的反映，不同的交通组织方式对应于不同的道路系统形式。而道路系统形式不同，也会直接影响居住建筑的布置以及居民的活动。居住小区的道路系统规划应当体现因地制宜原则，顺而不穿、通而不畅原则，功能多样化的原则，以及道路网络与住宅、公建、绿地、景观、停车设施、住宅内部空间结构整合化原则。

　　居住小区的道路一般分为四级，居住区级—小区级—组团级—宅前道路，各级道路担负着不同的作用，可采用不同构成形式、路幅和断面设计。

　　居住小区作为基本的生活空间，其交通应该考虑人的生活需要，强调对人的关怀和对交通环境的人性化设计。鉴此，居住小区中宜适当控制汽车的通行。

　　停车设施是居住小区交通基础设施的重要组成部分。包括公交车站、出租车营业站、路边停车道、公共与私人停车场（库）。居住小区中停车以"朝发夕归"的停车为主，具有周期性和规律性。居民停车方式取向具有多元化和室内化特点。因此，宜在调查研究的基础上，确定停车方式和停车数量，以保证具体的需求。

　　《2000 年小康型城乡住宅科技产业工程城市示范小区规划设计导则》对居住区道路交通规定如下：

　　（1）小区内道路系统应构架清楚，分级明确，并应与城市公交系统有机衔接，方便与外界的联系。

　　（2）小区道路应通畅，主出入口应合理及避免区外交通穿越。同时，必须满足消防、救护、抗灾、避灾等要求。

　　（3）为适应汽车交通日益增多的趋势，应组织好小区的人流、自行车及汽车的流向，选择交通合流或分流的方式，减少人车的相互干扰，保证区内人车安全和居住的安宁。

　　（4）小区内的小汽车停车位，应按照不低于总住户数的 20% 设置，并留有较大发展可能性。经济发达及东南沿海地区应按照总住户的 30% 以上的要求设置。停车场地应保证必要的用地和安全停放，减少对住宅环境的影响。为住户设置的自行车停放场、库应方便而隐蔽，不得占用庭院、绿地。

　　（5）小区内道路设计应符合残疾人无障碍通行的规定。

5.3.5　住宅群体

　　住宅群体是居住区户外环境空间的载体，它对于户外空间的限定、户外环境的塑造、住宅建筑造型、社区活动场所的营造、延续地方特色的生活方式和社会文化有特定的意义。

　　住宅群体组合应引入新的观念，在充分考虑自然条件、经济条件、社会条件和传统文化等相关因素之外，应充分考虑市场的因素。一般来说，住宅群体组合原则如下：

　　（1）创建生态住宅环境为宗旨，达到居住区群体中的建筑、人与环境的和谐统一。

　　（2）注意协调与住宅群体相关外围条件。

　　（3）以当地物质环境和人文环境为背景，确定住宅群体组合方式。

　　（4）考虑市场的需求和变化，创新住宅群体组合手法。

（5）加强住宅群体内城市设计观念，丰富住宅群体景观，创造具有个性和吸引力的住宅群落。

（6）适当超前，具有前瞻性、现实性和可操作性。

（7）适应社会发展和生活品质的提高，适时优化或调整规划设计。

《2000年小康型城乡住宅科技产业工程城市示范小区规划设计导则》对居住区住宅群体规定如下：

（1）小区的住宅应结合我国的经济发展与地区经济条件、家庭人口构成、现代居住生活行为以及住房市场的需求，按照小康居住水平，确定住宅的类型与标准（见城市示范小区住宅设计建议标准表）。

（2）小区住宅宜以多层为主。为有利于提高土地利用率，丰富建筑空间环境，可采取多层、高层、中高层、低层相结合等不同构成方式。高层住宅集中的地域，住宅容积率应符合规定并保证良好的居住环境和配套设施。

（3）住宅群体布置与空间组织应与住宅建筑设计相结合，进行一体化设计，成为有机整体。应提高住宅群落或院落的功能与环境质量，注意住宅群体形态的标识性。

（4）住宅布置间距必须满足日照、通风等规定要求，保证室内外环境质量，同时应做到节地、节能。

5.3.6 绿地与室外环境

21世纪"居住小区室外绿地与场地"规划指出：居住小区将面临两方面的需求变化。其一，从社会学角度看，小区规划不应是传统的，仅对物质空间环境的考虑，而是要强调"居住社区"观念，综合考虑人的物质需求与社会需求。其二，从城市化发展和我国人多地少的国情着眼，要保证在高密度居住的前提下，满足人对于室外活动和回归自然的需求，也就是保证并提高绿化空间质量的问题。

随着我国住房体制改革，城市居民将形成以同质性为主导的居住社区，这是实现可持续发展的人类住区环境要面对的重要问题。因居住社区室外环境主要由物质环境和社会环境构成，而居住社区室外环境的功能要根据居民的自然环境需求、休闲需求、领域需求和邻里交往需求决定。这些需求以居住人数的不同呈现出动态性（即需求随年龄及需求层次而变化）及多样性（需求随主体对象而变化）的特点。所以，居住小区室外场地、绿化设置规模及面积应适宜，采取乔、灌、草、绿地等的多种绿化形式。

《2000年小康型城乡住宅科技产业工程城市示范小区规划设计导则》对居住区绿地与室外环境规定如下：

（1）小区绿地按不低于30%的要求布置，并应尽可能地增大绿地率。应充分利用空间包括垂直墙面、屋顶等，扩大绿化覆盖，并提高绿化的质量。

（2）绿地的分布可采取集中与分散相结合的方式，便于居民就近使用。住宅群落内应安排休闲、体育锻炼与交往的场所，必须为老人休闲、儿童游戏设置活动场地。绿地必须以绿为主，也可适当安排部分铺装地面以及活动设施用地，多功能复合使用。

（3）小区的环境绿化应结合住宅及其群体布置，丰富建筑景观。

（4）小区绿地及居住区环境必须进行专门规划和设计。绿地及环境设计应配合小区规划总体设计进程和要求，统一进行。

5.3.7 公共服务设施

应从社会领域、经济领域、技术领域和体制领域的发展趋势，把握可能对居住生活方式产生的重要影响。提出小区级公共服务设施，包括商业、教育、医疗、社区活动、管理等设施的规划设计。

《2000 年小康型城乡住宅科技产业工程城市示范小区规划设计导则》对居住区公共服务设施规定如下：

（1）小区的公共服务设施应适应家务劳动社会化趋势的合理配置。公共服务设施设置应符合居民的活动规律，方便居民日常使用。

（2）公共设施的布置应避免对居住生活的干扰，保证环境的洁净与安宁。应按照不同功能要求进行恰当安排。

（3）结合社区建设的需求，应配置居民的文化教育、体育健身、娱乐休闲设施以及居民集会（交往）场所，为物业管理创造方便而有效的基础条件。

（4）小区必须有完备的环卫设施系统、集运设施系统，实现垃圾袋装化或分类收集。

5.4 公共建筑总平面

5.4.1 中小学

（1）学制与规模

我国实行九年义务教育制，即：小学六年、初中三年。部分学生继续上高中三年。因初中与高中人数不等，故应根据当地人数规划设全部的初中学校和初高中结合的完全中学校。完全中学的初高中比例应按需要设置。

普通中小学校规模，小学以 12～24 班规模为宜（农村可有 6 班或更小规模），中学以 18～24 班规模为宜。大中城市人口密集地区可设 30 班规模学校。

（2）中小学设计参考指标

①入学人数占居住区人口比例：小学 10%，中学 9.3%。

②学校服务半径：小学不大于 500m，中学不大于 1000m。

③用地指标：小学每生用地 17.6～21.8m²，中学每生用地 22～28.8m²。用地紧张地区或市中心：小学每生用地 10～11m²，中学每生用地 10～12m²。

④每班学生：小学每班 45 人，中学每班 50 人（近期）。

⑤建筑面积：小学每生 5.6～8.0m²，中学每生 8.1～9.2m²。

（3）场地选择

①符合当地规划要求，考虑学校的服务半径及学校的分布情况。

②根据当地人口密度及人口发展趋势和学龄儿童比例选定校址。

③地面应易于排水，能充分利用地形，避免大量填挖土方。山区应注意排洪，要有具备设置运动场的平坦地段。

④有足够的水源、电源和排除污水的可能。

⑤学校布点应注意学生上下学安全，避免学生穿行主要干道和铁路。

⑥学校应有安静及卫生的环境。

有充足的阳光、良好的通风条件；

避免交通和工业噪声干扰；

避免工业生产和生活中所产生的化学污染源（包括废水废气）；

避免电磁波等物理污染源；

避免学生发育中影响身心健康的精神污染（闹市、娱乐、精神病医院和医院太平间等）；

避免各种生物污染源（垃圾站、粪便贮存处、传染病院等）；

不应毗邻危及师生安全的危险品库、工业单位等；

校园内不允许有架空高压线通过。

（4）用地类型

一般学校的用地类型可概括为如下四类：

①建筑用地：包括教学用房及教学辅助用房、校园（含校前区）、道路和环境绿化等；

②运动场地：包括课间操、球类、田径、器械用地；

③绿化及室外科学园地：包括成片绿地、种植、饲养、天文、气象观测等用地；

④其他用地：包括总务库、校办工厂等。

各功能区的关系可用图5-3示意。

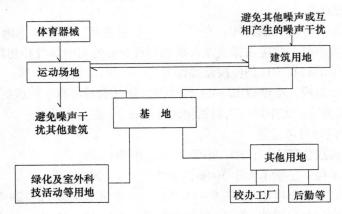

图5-3　学校基地功能分区关系图

（5）场地平面布局

①功能分区明确，布局合理，联系方便，互不干扰，满足教学与卫生的要求。

②很好地解决朝向、采光、通风、隔声等问题。日照要求教学用房冬至日底层满窗日照不少于2h。教室与运动场的间距不应小于25m，避免受噪声影响。

③学校主要出入口不宜开向城镇干道。如必须开向干道，校门前应留出适当的缓行地带。

④教学用房的外墙面与铁路的距离不应小于300m；与机动车流量超过每小时270辆的道路同侧路边的距离不应小于80m。当不足时，应采取有效隔离设施。

⑤建筑容积率：小学不大于0.8，中学不大于0.9。

⑥运动场地：

课间操：小学2.3m²/生，中学3.3m²/生；

篮、排球场最少6个班设一个，足球场根据条件，也可设小足球场；

有条件时，小学高、低年级分设活动场地；

田径场：根据条件设200～400m环形跑道；当城市用地紧张时，小学至少应考虑设置60m跑道，中学至少应考虑设置100m的直跑道；

球场、田径场长轴以南北向为宜，球场和跑道不宜采用非弹性材料地面。

⑦教学用房大部分要有合适的朝向和良好的通风条件。朝向以南向和东南向为主，注意北方地区的室内通风。为了采光通风，教学楼以单内廊或外廊为宜，避免中内廊。

⑧各教室之间应避免噪声干扰，应采取措施将室内噪声降至50dB以下。

⑨各类不同性质的用房应分区设置，做到功能分区合理，又要相互联系方便。

⑩应以教学年级班为单位设计平面及布置层次。

⑪组织好人流疏散的各个部位，处理好各种房间的关系。

⑫处理好学生厕所与饮水位置，避免拥挤和气味外溢。

（6）场地平面构成图

场地平面构成如图5-4所示。

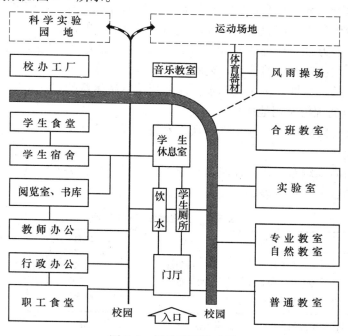

图5-4　场地平面构成图

5.4.2　文化馆

（1）文化馆建筑的分类

文化馆建筑根据其职能不同可分为文化馆、群众艺术馆、文化站等形式。

文化馆是国家设立的开展社会宣传教育、普及科学文化知识、组织辅导群众文化艺术（活动）的综合性文化事业机构和场所。

群众艺术馆是国家设立的组织指导群众文化艺术活动及研究群众文化艺术的文化事业机构，也是群众进行文化艺术活动的场所。

文化站是国家最基层的文化事业机构，是乡镇政府、城市街道办事处所设立的当地群众进行各种文化娱乐活动的场所。

（2）文化馆的建筑特征

根据文化馆的性质及使用功能，文化馆建筑具有下列特征：

①综合性

广大群众对文化生活的需求多种多样。文化馆建筑必然要同文化活动的内容相适应，设有宣传教育、文化娱乐、学习辅导等多种活动设施，其内容复杂，具有较强的综合性。它是文化馆建筑的最基本的特征。

②多用性

文化馆建筑空间活动内容虽可大致区分门类，但各门类活动形式各异，项目种类繁多。为适应活动空间的多种使用要求，建筑的空间组织和建筑空间表现形式均应具备多用性和灵活性，实现一室多用和空间的综合利用。

③乡土性

文化馆建筑与当地的社会环境、自然环境、生活环境等有着特殊密切的关系。各地的文化教育、习俗风尚、产业结构、开发计划，以及当地的民族、人口构成、动态、生活水平等因素千差万别。因而文化馆建筑的地域性非常突出和强烈，具有浓郁的乡土性。在设施内容的决定、建筑造型、艺术处理上应予充分的体现。

文化馆建筑的综合性、多用性和乡土性是两馆一站体系的主要建筑特征。

（3）文化馆的规模及用地指标

各级群众文化设施由省、地、市群众艺术馆，区、县文化馆，乡镇、居民区、居住小区文化站组成。

现有关部门尚未颁布文化馆建筑面积定额，本书根据有关研究资料及建筑实例的分析，提出参考性数据，参见表 5-7 及表 5-8。

表 5-7　文化馆参考规模

规模（m²）	2000~3000	3000~4000	4000~5000	5000 以上
适用条件	县城 20 万以下人口 经济不甚发达	中等城市 20~25 万人口 经济稍发达	大城市 50~100 万人口 经济较发达	特大城市 100 万以上人口 经济发达

注：1. 表中所列各种规模的文化馆，其面积指标均系下限，上限不作规定；

　　2. 人口数及经济发达情况较为复杂，依此确定规模时可灵活掌握。

表 5-8 乡镇、居住区、居住小区文化站参考规模

规模（m²）	500~700	700~1000	1000~1500	1500~2000
适用条件	1万人口以下	1~1.5万人	1.5~2万人	2万以上人口

注：1. 乡镇文化中心包括内容较多，本表所列指标只包括文化馆的一般构成房间，大中型影剧院、体育活动用房等均不包括在内；

   2. 表中所列各种规模的文化站，其面积指标均系下限，上限不作规定；

   3. 人口数及经济发达情况较为复杂，依此确定规模时可灵活掌握。

由于我国幅员辽阔，各地经济条件和文化需求的差异以及各种因素的制约，对文化馆的规模、组成、建筑面积定额、用地标准等尚应结合实际条件确定。当因某种原因不能一次建成时，应一次规划及设计，分期建造。

文化馆用地面积可按容积率确定，参考指标见表 5-9。

表 5-9 文化馆的建筑容积率统计资料

统计资料类别	不同建筑容积率的文化馆占统计总数的比例（%）			
	0.4 以下	0.41~0.60	0.61~0.80	0.81~1.00
建筑实例 16 例	6.3	31.2	12.5	18.8
设计方案 96 例	30.0	31.0	21.0	13.0
日本公民馆 25 例	32.0	20LO	20.0	4.0

注：1. 文化馆用地面积参考指标按建筑容积率确定，以 0.4~0.8 为宜；

   2. 设计方案指 1987 年举行的全国文化馆设计竞赛获奖方案。

文化站用地面积可按容积率确定，参考指标见表 5-10。

表 5-10 文化站的建筑容积率统计资料

统计资料类别	不同建筑容积率的文化站占统计总数的比例（%）				
	0.2 以下	0.21~2.40	0.41~0.60	0.61~0.80	0.81~1.0	1.01 以上
建筑实例 24 例	4.2	37.5	37.5	8.3	8.3	4.2

注：根据表内数据，建议文化站的用地面积以建筑容积率 0.3~0.6 为宜。

（4）场地选择

文化馆的建设场地选择应遵循如下原则：

①省、市群众艺术馆，区、县文化馆宜有独立的建筑基地，并应符合文化事业和城市规划的布点要求。

②文化馆基地应选设在位置适中、交通便利、环境优美，便于群众活动的地段。

③乡镇文化站、居住区、小区文化站，应位于所在地区公共建筑中心或靠近公共绿地。

（5）场地平面布局

文化馆的场地平面布局应注意以下几点：

①功能分区合理，妥善组织人流和车辆交通流线，对喧闹与安静的用房应有明确的分区和适当的分隔。

②各用房之间应有紧密的联系，以利综合利用；当各厅室独立使用时，不互相干扰，对人流量大且集散较为集中的用房，应有独立的对外出入口。

③根据使用要求，基地至少应设两个出口，当主要出入口紧临交通干道时，应按有关规定留出缓冲距离。

④在基地内应设置自行车和机动车停放场地，并考虑设置画廊、橱窗等宣传设施。

⑤文化馆庭院的设计，应结合地形、地貌及建筑功能分区的需要，布置室外休息场地、绿化、建筑小品等，以形成优美的室外空间。

⑥当文化馆基地距医院、住宅及托幼等建筑较近时，馆内噪声大的观演厅、舞厅等应布置在离上述建筑有一定距离的位置，并应采取必要的防干扰措施。

⑦文化馆建筑覆盖率、建筑容积率，应符合当地规划部门制定的规定，容积率资料参见表5-9、表5-10。

⑧无论用地面积大小，在建筑组合及总平面布置时，应尽量紧凑、集中，以创造宽敞、丰富的室外空间。分散式布置是文化馆较好的组合形式，应合理地进行不同大小、高低、形体的建筑组合和组织不同的室外空间，以创造良好的休息和活动环境。

5.4.3　办公楼

（1）办公楼的含义

建筑物内供办公人员经常办公的房间称为办公室，以此为单位集合成一定数量的建筑物称为办公建筑。

（2）办公楼的分类

办公楼根据使用对象可进行如下分类，参见表5-11。

表5-11　办公楼的分类

类　别	使　用　对　象
行政办公楼	各级党政机关、人民团体、事业单位和工矿企业的行政办公楼
专业性办公楼	为专业单位办公使用的办公楼，如科学研究办公楼（不含实验楼），设计机构办公楼，商业、贸易、信托、投资等行业办公楼
出租写字楼	分层或分区出租的办公楼
综合性办公楼	以办公用房为主的，含有公寓、旅馆、商店（商场）、展览厅、对外营业性餐厅、咖啡厅、娱乐厅等公共设施的建筑物

（3）场地选择

①办公楼的基地应选在交通和通讯方便的地段，应避开产生粉尘、煤烟、散发有害物质的场所和贮存有易爆、易燃品等地段。

②城市办公楼基地应符合城市规划布局，选在市政设施比较完善的地段，并且避开车站、码头等人流集中或噪声大的地段。

③工业企业的办公楼，可在企业基地内选择合适的地段建造，但应符合卫生和环境保护等条例的有关规定。

（4）办公楼的组成

办公楼的组成比较复杂，包括办公、会议、阅览、展览、办公服务、设备系统等，如图5-5所示。

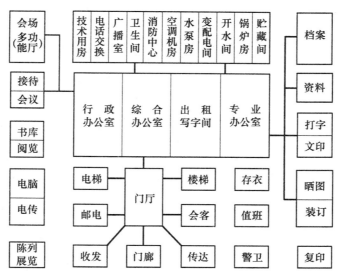

图5-5 办公楼的组成

1. 办公楼房间的组成应根据任务、性质和规模大小来决定；2. 粗线内为基本组成。

（5）场地平面布局

办公楼场地平面布局应考虑以下因素：

①总平面布置应考虑环境与绿化设计。办公建筑的主体部分宜有良好的朝向和日照。

②建筑基地内应设停车场（库），或在建筑物内设停车库。

③办公区域内不宜建造职工住宅，若用地毗邻，应予分隔和分设独立出入口。

④在同一基地内，办公楼与公寓楼、旅馆楼共建，或建造以办公用房为主的综合楼，应根据使用功能不同，安排好主体建筑与附属建筑的关系，做到分区明确、布局合理、互不干扰。

⑤总平面布置应合理安排好汽车库、自行车棚、设备机房（水、暖、空调和电气）等附属设施和地下建筑物，具体停车位指标见表5-12。

表5-12 办公楼停车位指标

停车位指标 （车位/100m² 建筑面积） 类别	项目 机动车	自行车
一类	0.40	0.40
二类	0.25	2.00

注：1. 本表取自于公安部、建设部［88］公（交管）字90号关于（1998年10月3日）印发《停车场建设和管理暂行规定》和《停车场规划设计规则（试行）》的通知中的建议指标。

2. 一类：中央、省级机关、外贸机构及外国驻华办事机构。

3. 二类：其他机构。

4. 北京市规定：停车场的建筑面积，小型汽车按每车位25m²计算，自行车按每车位1.2m²计算。

⑥办公楼建筑基地覆盖率一般应为 25% ~ 40%。低、多层办公楼建筑基地容积率一般为 1 ~ 2，高、超高层建筑基地容积率一般为 3 ~ 5，用地紧张的地区，基地容积率应按当地规划部门的规定。

（6）办公楼的设计要点

①办公楼应根据使用性质、建设规模与标准的不同，确定各类用房。一般由办公用房、公共用房、服务用房和其他附属设施等组成。

②办公楼内各种房间的具体设置、层次和位置，应根据使用要求和具体条件确定。一般应将对外联系多的部门，布置在主要出入口附近。机要部门应相对集中，与其他部门宜适当分隔。其他部门按工作性质和相互关系分区布置。

③办公楼应根据使用要求、基地面积、结构选型等条件按建筑模数确定开间和进深，并应为今后改造和灵活分隔创造条件。

④楼梯设计应符合防火规范规定。六层及六层以上办公楼应设电梯；建筑高度超过 75m 的办公楼电梯应分区或分层使用。主要楼梯及电梯应设于入口附近，位置要明显。

⑤办公楼与公寓、旅馆合建时，应在平面功能、垂直交通、防火疏散、建筑设备等方面综合考虑相互关系，进行合理安排。综合办公楼宜根据使用功能的不同分设出入口，组织好内外交通路线。

⑥门厅的大小应根据办公楼的性质及规模而定，小型办公楼可不设门厅。

⑦办公室宜设计成单间式和大空间式；使用上有特殊要求的，可设计成带专用卫生间的单元式或公寓式。

⑧设计绘图室宜采用大房间或大空间，或者用不到顶的灵活隔断把大空间进行分隔。

⑨办公室净高应根据使用性质和面积大小决定，一般净高不低于 2.60m，设空调的办公室可不低于 2.40m。

⑩会议室根据需要可分设大、中、小会议室，分散布置，并应根据语言清晰程度要求进行设计。会议厅所在层数和安全出口的设置等应符合防火规范的要求。多功能会议厅宜有多媒体、放映、遮光等设施。有电话、电视会议要求的会议室，应考虑隔声、吸声和遮光措施。

⑪公用卫生间距离最远的工作房间不应大于 50m，尽可能布置在建筑的次要面或朝向较差的一面。

⑫贮藏室应布置在采光、朝向较差的地方。

⑬开水间宜直接采光和通风，条件不许可时应设排风装置。

⑭六层及六层以上办公楼宜设垃圾管道。高层办公楼设置垃圾管道时，应设前室，前室门应采用乙级防火门。

⑮注意走道的采光要求，走道过长时，应考虑增加采光口，或在走道端部开窗，尽量减少在每个房间的内墙上开设高窗；单面布置走道净宽 1300 ~ 2200mm，双面布置走道净宽 1600 ~ 2200mm，走道净高不得低于 2100mm。

⑯尽量利用室内空间或隔墙设置壁柜或壁橱。

⑰大空间式的出租办公室，有空调、火灾自动报警装置和自动灭火喷头等设施的，设计中应尽可能地为自行分隔和装修创造条件，有条件的工程一般设计模块式吊顶。

5.4.4　图书馆

由于各类图书馆的性质、规模、任务以及服务对象等差别较大，管理方式不完全一致，因而对图书馆建筑的要求也有所不同。本节资料的内容，是以中型公共图书馆和高等学校图书馆为主，兼科学研究及各专业图书馆的不同情况而编辑。在设计各类图书馆时，必须按照工程的具体条件从实际出发，符合先进的管理方式，适应现代化的管理手段，有分析地选用各项资料。

（1）图书馆的类型

图书馆的类型参见表5-13中的图书馆分类。

表5-13　图书馆分类

类　别	特　征
一、公共图书馆 　1. 国家图书馆 　2. 省（市）自治区图书馆 　3. 县（市）图书馆 　4. 区图书馆 　5. 基层图书馆（街道、厂矿、企业） 　6. 少年儿童图书馆	国家图书馆是国家总书库，全国图书馆事业的中心。其他公共图书馆均系按行政区划分设置的群众社会文化机构，分别为本地的广大群众服务，担负社会教育、普及文化及科技知识的任务
二、科学研究系统图书馆 　1. 专业图书馆 　2. 综合图书馆	为研究生产及管理部门所设。一般只服务于本系统本部门人员，有时也对外开放，开展咨询服务，多采用开架管理
三、高等学校图书馆 　1. 学院图书馆 　2. 学院图书馆分馆 　3. 科系图书馆	为教育及科学研究服务。一般情况下阅览室的面积比例较大，采用开架管理，除本校师生员工外，有时也对外开放。藏书特点取决于学校的性质
四、中小学图书馆	为学校教育的辅助机构。一般不接待校外读者，常附设在教学建筑中

注：1. 街道、社区图书馆属于第一类图书馆。

　　2. 机关、单位图书馆属于第二类图书馆。

（2）图书馆的规模

图书馆规模由藏书量、阅览席总数来确定。此项数字确定后，应根据馆的性质、管理方式、结构形式等因素选取设计指标，通过计算分别求出读者使用空间、藏书空间及辅助空间各部分的使用面积和建筑面积，然后求出总建筑面积。表5-14、表5-15为新规范规定的阅览座位及藏书空间的设计指标，可供设计时参考。

表5-14 阅览室每座位占使用面积指标表

序 号	名 称	面积指标（m²/座）
1	普通报刊阅览	1.8~2.3
2	综合阅览室	1.8~2.3
3	专业参考阅览室	3.5
4	检 索 室	3.5
5	缩微阅览室	4.0
6	善本书阅览室	4.0
7	集体视听室	3.0~3.5
8	儿童阅览室	1.8
9	盲人读书室	3.5
10	个人研究室	3.6
11	集体研究室	4.0

注：1. 表中面积已包括阅览桌椅、走道、必要的工具书架、出纳台或管理台、目录柜所占用的面积，不包括阅览室辅助书库及独立的工作区所占面积。

2. 序号1、2项开架管理取上限，闭架管理或规模较小的馆取下限。

3. 集体视听室包括演播室2.25m²/座及控制室0.25m²/座，如包括办公维修及资料间，则不应低于3.5m²/座，语音、音乐资料室或专业图书馆，其使用面积按实际确定。

表5-15 藏书空间单位面积容书量设计计算综合指标 册/m²

藏书方式	公共图书馆	高等学校图书馆	少年儿童图书馆
开架藏书	180~240	160~210	350~500※
闭架藏书	250~400	250~350	500~600
报纸合订本		110~30	

注：1. 表中数字为线装书、中文图书、外文图书、期刊合订本的综合平均值。外文图书藏量大的图书馆和读者集中的开架图书馆取下限。盲文书容量应按表列数字的1/4计算

2. 期刊每册指半年或全年合订本；报纸按4、8版，每册四开月合订本。

3. 开架藏书按6层标准单面书架，闭架按7层标准单面书架，报纸合订本按10层单面报架，行道宽800mm计算。

图书馆规模按藏书量考虑可分为小型、中型、大型图书馆，具体数量如下：

①小型图书馆：藏书量50万册以下。

②中型图书馆：藏书量50~150万册。

③大型图书馆：藏书量150万册以上。

（3）场地选择

图书馆的场地应选择在符合以下条件的地方。

①地点适中，交通方便。公共图书馆应符合当地城镇规划及文化建筑的网点布局。

②环境安静、场地干燥、排水流畅。

③注意日照及自然通风条件，建设地段应尽可能使建筑物得到良好的朝向。

④远离易燃易爆物、噪声和散发有害气体的污染源。

⑤留有必要的扩建余地，以便发展。

（4）场地平面分析图

图书馆的组成及平面关系分析如图5-6所示。

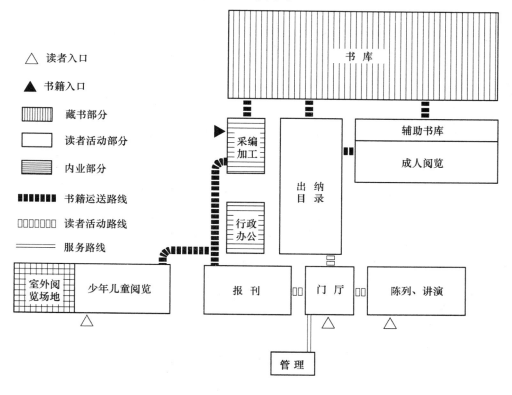

图5-6　图书馆的组成关系

（5）场地平面布局

图书馆的场地平面布局应综合考虑以下因素：

①图书馆总体规划要因地制宜，结合现状，集中紧凑，功能分区明确，人流、书流分开。道路布置应便于图书运送、装卸和消防疏散。

②值班宿舍外，职工宿舍及家属住宅不宜设在馆区内，用地毗邻时要用围墙将馆区和生活区分开。

③规模较大的公共图书馆，少年阅览区应有单独的出入口和室外活动场地。

④锅炉房、厨房、汽车库等建筑应尽量避开书库和阅览区，并须用绿化带隔离。条件允许时，宜布置在主馆下风向。

⑤馆区总平面宜布置绿地、庭院，创造优美的阅览环境，并根据图书馆平均每日读者流量设置足够的自行车和机动车停放场地。

⑥在新建、改建和扩建的图书馆设计中，要充分利用原有建筑。

⑦在选址和总图规划时，应留有扩建用地，以便日后发展。

（6）设计应考虑的问题

①发展需要

为了适应图书馆藏书和任务的不断增长要求，除采用馆际调拨调整、剔除旧书和复本书、发展储备书库及缩微图书等方法外，在建筑设计中还应考虑适当的发展方案。发展方案一般有下列几种考虑方法：

在总平面中留有余地，一次设计分批建造。

按近、远期分别设计，扩建后再调整房间用途。

在结构设计中留有潜力，可供加层。

②灵活性

图书馆藏、阅各空间的柱网尺寸、层高、荷载设计均应有较大的灵活性，除电梯、楼梯、厕所等设备用房分隔固定外，其他空间应能适应自由布置和变换。

③集约性

建筑布局应紧凑有条理，科学地安排编、藏、借、阅之间的运行路线，使读者、工作人员和书刊运输路线便捷通畅，互不干扰。

④舒适度

改善阅览环境，有令人愉快、舒适安静的气氛，考虑现代化技术服务设施，提高图书的使用率。

⑤稳定性

要保持图书馆环境的稳定性，室内有合适的温、湿度，杜绝外界空气污染，以便持久、妥善地保存图书资料。

⑥经济性

在建图书馆和开展图书馆业务的过程中投入的人力、物力都要讲求经济效益，节约基建、能源及运行费用。

5.4.5 电影院

（1）电影院的定义及等级

电影院指的是主要为放映 35mm 普通银幕和变形法、遮幅法宽银幕电影（包括单声道和四路光学立体声）及放映五片孔 70mm 宽胶片电影（六路磁性立体声）的专业电影院。

电影院的基本组成为一或数个观众厅和以此为核心的门厅、休息厅、放映机房。另有办公、美工、厕所、通风空调机房等附属用房，以及录像厅等多种经营用房。

电影院建筑的质量标准可分为特、甲、乙、丙四等。特等电影院有特殊重要性，其要求根据具体情况另议。甲、乙、丙等电影院的综合要求见表5-16。

表 5-16 电影院等级及综合要求

等级	主体结构耐久年限	耐火等级	视听设施	通风和空调设施
甲等	100 年以上	一、二级	放映 70/35mm 立体声影片	应有全空调设施
乙等	50 ~ 100 年	二级	放映 35mm 立体声影片	空调或机械通风
丙等	25 ~ 50 年以下	三级	放映 35mm 单声道影片	机械通风，中小型也可自然通风。

注：1. 其他卫生设备，装修、座椅等也应与相应的等级匹配。

2. 以上等级标准，是建筑标准，着重土建与设施方面，各地电影公司在经营管理上另有等级标准。

（2）电影院的规模

电影院应规模得当，符合城市规划的要求。按观众厅的容量分为：特大型、大型、中型、小型，见表 5-17。

表 5-17 观众厅容量

类　　型	座　位　数
特大型	1201 座以上
大　型	801 ~ 1200 座
中　型	501 ~ 800 座
小　型	500 座以下

（3）电影院的场地选择

电影院的场地选择应考虑以下因素：

①电影院属公共集会类建筑，首先应保证安全、卫生，严格执行《建筑设计防火规范》，使疏散畅通，观众人流与内部工作路线划分明确。

②规划及选址中，应结合城镇交通、商业网点、文化设施、综合考虑，以方便群众，增加社会、经济和环境效益。观众厅容量宜以中型为主；当建筑规模较大时也可分设若干个大小不一的观众厅，同时放映不同影片。

③专业电影院的选址应从属于当地城镇建设规划，兼顾人口密度、组成及服务半径，合理布点。甲等电影院应作为所在城市的重点文化设施，置于与其重要性相适应的城市主要地段。乙、丙等电影院亦应便于为所在城区服务。

（4）电影院的场地布局

①专业电影院总布局应功能分区明确，观众流线（车流、人流）、内部路线（工艺和管理）明确便捷，互不干扰；应在火灾等情况下能使观众及工作人员迅速疏散至安全地带并便于消防作业。总平面布置尚应满足卫生、排水、降低噪声和美化环境的要求，并应考虑停车面积（包括自行车）。

②大型及特大型电影院的观众厅不宜设在三层及以上的楼层内。

③独建专业电影院主体建筑及其附属用房的建筑密度宜为 25% ~ 50%（不包括工作人员福利区）；密度为低值时，可获得较好日照、通风、绿化和休息条件。

④位于旧市区的电影院，往往建筑密度超标，但至少应满足必要的防火条件。

⑤电影院主要入口前道路红线宽度 A：中小型应 >8m；大型应 >12m；特大型应 >15m，且道路通行宽度不得小于通向此路安全出口宽度的总和，如图5-7所示。

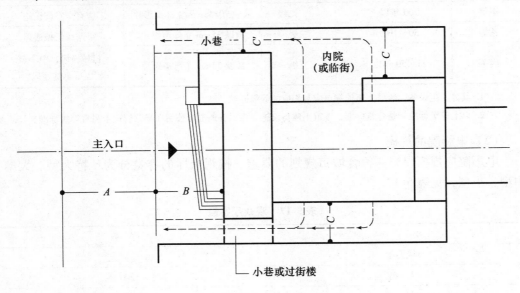

(a)建筑两侧临空时

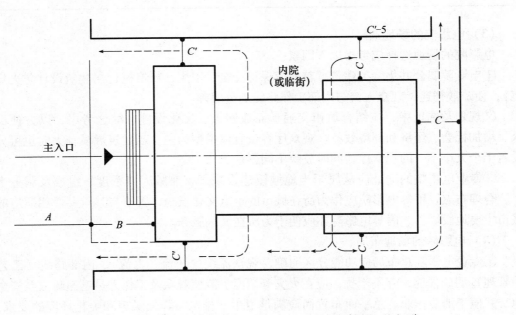

$A \geqslant 15$m（特大型）　　　　$B \geqslant 10$m（大型、特大型）

$A \geqslant 12$m（大型）　　　　　$C >$ 防火间距

$A \geqslant 8$m（中、小型）　　　　$C' \geqslant 3.5$m（消防道净宽）

(b)建筑三侧临空时

图5-7　间距控制值

⑥电影院主要入口前从红线至墙基的集散空地面积，中小型应按 $0.2\text{m}^2/$ 座计，大型及特大型除按此值外，深度 B 应 $>10\text{m}$，二者取其较大值（座数指观众厅满座人数）。当散场人流的部分或全部仍需经主入口侧离去，则入口空地须留足相应的疏散宽度，如图 5-7 所示。

多厅电影院可能有一个以上的入口空地，则宜按实际人流分配情况计算面积。

除场地特别宽敞外，一般不宜将主入口置于交通繁忙的十字路口。

⑦除主入口外，中小型电影院至少应有另一侧临空（内院、街或路）。大型、特大型至少有两侧临空或三侧临空。出入场人流应尽量互不交叉。与其他建筑连接处应以防火墙隔开，如图 5-7 所示。

⑧临空处与其他建筑的距离 C 宜从防火、卫生和舒适角度考虑，条件差时也不能不满足防火间距（必要时设 3.5m 宽消防道；步行小巷可 3m，但巷道两侧应为非燃烧体，无门窗洞，或虽有个别洞口，但已错开 2m 以上，或具有防火措施），如图 5-7 所示。

⑨通风或空调机房可独立设置，也可接在电影院主体的后、侧面，或置于观众厅、门厅的地下室内。采暖地区的锅炉房多数独置，设在对电影院干扰及污染最少的位置。

⑩以上情况一般适用于独建电影院或独立的多厅式电影院。若合建于其他建筑物之内（如大型商场的底层或楼层），仍应从属于该建筑物的总平面要求和防火疏散要求（如电梯、楼梯、自动消防等），以确保迅速、安全疏散至室外或其他防火分区之内。

5.4.6 剧场

（1）剧场的类型

①按演出类型分

歌剧剧场：以演出歌剧、舞剧为主。舞台尺度较大，容纳观众较多，视距可以较远。

话剧剧场：以演出话剧为主。音质清晰度要求较高，观众应能看清演员面部表情，规模不宜过大。

戏曲剧场：以演出地方戏曲为主，兼有歌剧和话剧的特点，舞台表演区较小。

音乐厅：以演奏音乐为主，音质要求较高。

多功能剧场：演出各个剧种，亦可满足音乐、会议使用。

②按舞台类型分

镜框式台口舞台：观众厅与舞台各在一端，设箱形舞台及镜框式台口，包括大舞台。

突出式舞台：舞台伸入观众席。

岛式舞台：舞台在中心，观众席环绕舞台布置。

其他类型：如尽端式、几种形式互相转换、露天剧场、活动剧场。

③按经营性质分

专业剧场：以演出一个剧种为主，属于某类专业剧院。

综合经营剧场：供各演出团体租用。

（2）剧场的规模及等级

剧场的规模按观众容量可分为特大型、大型、中型、小型，见表5-18。

表5-18 剧场的规模

规模分类	特大型	大型	中型	小型
观众容量（座）	1600以上	1201～1600	801～1200	300～800

剧场建筑的质量标准分为特、甲、乙、丙四个等级。国家文化中心等重点剧场属特等级剧场，其技术要求根据具体情况而定。甲、乙、丙各等级剧场在建筑质量标准及室内环境标准上应符合剧场建筑设计规范有关章节的具体规定。

（3）场地选择

场地的选择与总体布置，是剧场单体设计开始前需要首先考虑和解决的问题。其中用地问题一般都要由建设部门（剧场所有者）会同城建部门和设计部门共同商定。设计者应当参与这一过程，并能从技术上提出论证和要求，以免因选址不当造成以后总体布置和单体设计工作的被动。

《建筑设计资料集（四）》对剧场建筑的场地选择有如下规定：

①应与城镇规划协调，合理布点。重点剧场应选在城市重要位置，形成的建筑群应对城市面貌有较大影响。

②剧场基地选择应根据剧场类型与所在区域居民文化素养、艺术情趣相适应的原则。

③儿童剧场应设于位置适中、公共交通便利、比较安静的区域。

④基地至少有一面临城市道路，临接长度不少于基地周长的1/6。剧场前面应当有不小于0.2m²/座的集散广场。剧场临接道路宽度应不小于剧场安全出口宽度的总和，且800座以下不小于8m；800～1200座不小于12m；1200座以上不小于15m，以保证剧场观众疏散不至对城市交通造成阻滞。

⑤剧场与其他建筑毗邻修建时，剧场前面若不能保证观众疏散总宽及足够的集散广场，应在剧场后面或侧面另辟疏散口，连接的疏散小巷宽度不小于3.5m。

⑥剧场与其他类型建筑合建时，应保证专有的疏散通道，室外广场应包含有剧场的集散广场。

（4）平面布局

一般在剧场的场地平面建筑组合中，除了主体建筑外，其他项目虽然不多，但剧场作为有大量人流集散的公共场所和城镇重要的文化娱乐中心，在总平面设计中，如何组织好人流交通，把握住环境空间的整体处理效果，解决好广场布置以及绿化、停车等要求，仍然有其特殊的复杂性。

《建筑设计资料集（四）》对剧场建筑的场地布局有如下规定：

①功能分区明确。观众人流与演员、布景路线要分开；景物应能直接运到侧台；避免设备用房的振动、噪声、烟光对观演的影响；设备尽量靠近负荷中心。

②与城市公共交通站、停车场位置协调，避免剧场人流与城市人流交叉。

③总平面内部道路设计要便于观众疏散，便于消防设备操作，并应设置照明。消防

通道宽不小于3.5m，穿过建筑时净高不小于4.25m。

④应布置绿地、水池、雕塑等建筑小品，组织优美宜人的环境。

⑤剧场应设停车场。当剧场基地不足以设置停车场时，应与城市规划及交通管理部门统一规划。

剧场建筑总用地指标及建筑覆盖率见表5-19。

表5-19 用地指标及建筑覆盖率

项 目	总用地（m²/座）			建筑覆盖率
	甲等	乙等	丙等	
指标	5~6	3~4	2~3	30%~40%

5.4.7 托儿所、幼儿园

（1）托儿所、幼儿园的含义与分类

托儿所、幼儿园是对幼儿进行保育和教育的机构，接纳三周岁以下幼儿的为托儿所，接纳三周岁至六周岁幼儿的为幼儿园。分为全日制托儿所、幼儿园和寄宿制托儿所、幼儿园。

托儿所、幼儿园单独、联合设置均可，一般联合设置较多，即在幼儿园中附设托儿班或婴儿班。

（2）托儿所、幼儿园的规模与组成

①幼儿园的规模

幼儿园的规模（包括托幼合建的）见表5-20。

表5-20 幼儿园的规模

名 称	班 数	人 数
大班	10~12以上	200~300人
中班	6~9班	180~270人
小班	5班以下	150人以下

②托幼机构规模不宜过大，以4~8班为宜。托儿所规模不超过5个班为宜。

③托儿所、幼儿园每班人数

托儿所：乳儿班及托小、中班15~20人，托儿大班21~25人。

幼儿园：小班20~25人，中班26~30人，大班31~35人。

④托儿所、幼儿园是由生活用房、服务用房、供应用房组成。

（3）托儿所、幼儿园的建筑面积及用地面积：

托儿所、幼儿园的建筑面积及用地面积参见表5-21。

表5-21 建筑面积及用地面积

名 称	建筑面积（m²/人）	用地面积（m²/人）
托儿所	7~9	12~15
幼儿园	9~12	15~20

（4）场地选择

托儿所、幼儿园应根据要求对建筑物、室外游戏场地、绿化用地及杂物院等进行总体布置，做到功能分区合理、方便管理、朝向适宜、游戏场地日照充足，创造符合幼儿生理特点的环境空间。由于托儿所、幼儿园的保育和教育的对象为幼儿，基地选择更应给与特别关注。一般应遵循如下原则：

①基地选择应远离各种污染源，避免交通干扰，日照充足，场地干燥，总体布置应做到功能分区合理，创造符合幼儿生理、心理特点的环境空间。

②托儿所、幼儿园的服务半径以500m左右为宜。

③应设有集中绿化园地，并严禁种植有毒带刺植物。

④除必须设置各班专用活动场地外，还应设有全园共用的室外游戏场地。

（5）用地类型

①建筑用地：包括教学用房及教学辅助用房、道路和环境绿化等。

②运动场地：包括课间操、器械用地。

③绿化及室外科学园地：包括成片绿地、种植、饲养、天文、气象观测等用地。

④其他用地：包括总务库，食堂等。

（6）场地平面布局

①平面布置应功能分区明确，避免互相干扰，方便使用管理，有利交通疏散。

②活动室、寝室、卫生间每班应为单独使用的单元。

③活动室、寝室应有良好的采光和通风。

④隔离室应与生活用房有适当距离，并应和儿童活动路线分开，应设有单独的出入口。

⑤厨房位置应靠近对外供应出入口，并应设有杂物院。

⑥应根据所在地区分别考虑保温、遮阳、防潮湿等设施。

⑦主要房间的采暖和通风、照度标准不应小于托幼规范的规定。

5.4.8　旅馆

（1）旅馆的定义及等级

旅馆是综合性的公共建筑物。旅馆向顾客提供一定时间的住宿，也可提供饮食、娱乐、健身、会议、购物等服务。旅馆还可承担城市的部分社会功能。

我国的旅馆等级规定及企事业所属招待所等级见表5-22及表5-23。

表5-22　旅馆等级

资料名称	编　制	等　级
旅游旅馆设计暂行标准	原国家计划委员会	一、二、三、四（级）
旅馆建筑设计规范	建设部建筑设计院	一、二、三、四、五、六（级）
国家旅游涉外饭店星级标准	国家旅游局	五、四、三、二、一（星）

表 5-23 企事业所属招待所等级

招待所等级	适 用 范 围
甲 级	适用于部、省（自治区）、市级或相当等级单位
乙 级	适用于地、市（自治州）级或相当等级单位
丙 级	适用于县（市）、镇（市）级或相当等级单位

我国旅馆各部分面积配比参考指标见表 5-24。

表 5-24 各部分面积配比指标

名 称 \ 等 级	一级 m²/间	二级 m²/间	三级 m²/间	四级 m²/间
总面积	86	78	70	54
客房部分	46	41	39	34
公共部分	4	4	3	2
餐饮部分	11	10	9	7
行政部分	9	9	8	6
辅 助	16	14	11	5

（2）旅馆的类型

旅馆建筑根据功能、标准、规模、经营方式、所处环境等可分为不同的类型，详细情况见表 5-25、表 5-26。

表 5-25 旅馆建筑分类

分类特征	名 称			
功 能	旅游旅馆 体育旅馆	商务旅馆 疗养旅馆	会议旅馆 中转旅馆	汽车旅馆
标 准	经济旅馆	舒适旅馆	豪华旅馆	超豪华旅馆
规 模	小型旅馆	中型旅馆	大型旅馆	特大型旅馆
经 营	合资旅馆	独资旅馆	—	—
环 境	市区旅馆 乡村旅馆 市中心旅馆	机场旅馆 名胜旅馆 游乐场旅馆	车站旅馆 矿泉旅馆	路边旅馆 海滨旅馆
其 他	公寓旅馆	度假旅馆	综合体旅馆	全套间旅馆

表 5-26 规模分等

规 模	客房间数	标 准	等 级
小 型	<200 间	中低档	一星、二星
		超豪华	五 星

规　模	客房间数	标　准	等　级
中　型	200～500 间	中　档	三星、四星
		豪　华	五　星
大　型	500～1000 间	豪　华	五　星
特大型	>1000 间	—	—

（3）旅馆的规模

旅馆的规模主要以各种类型的客房总数来确定，见表5-27及表5-28。

表5-27　国外旅馆规模与客房间数分析

客房间数	旅馆规模状况
10～20 间	大部分高级招待所、小型旅馆、膳宿旅舍、廉价汽车旅馆
50～70 间	旅馆联合集团一般考虑此类规模
100～150 间	宜增设餐厅及咖啡厅
150～300 间	汽车与名胜旅馆的典型规模，适应团体旅行要求，能设置辅助设施，如休息厅、餐厅、酒吧、游泳池等娱乐设施。在一处基地上可成组布置几座旅馆，或是单元较多的公寓旅馆
200～300 间	位于风景、游乐、名胜地区的豪华级旅馆采用此类规模。这种规模旅馆给人一种亲切的气氛，并提供大量高级公共服务设施，如专用海滩、高尔夫球场、风味餐厅、医疗服务中心及各种浴室、按摩室等
>400 间	城市中心旅馆，除供给餐饮服务还提供其他各种商务设施，包括多功能厅堂、会议厅、宴会厅及风味餐厅
>700 间	综合旅馆建筑群，拥有商店、餐厅、会议、展览中心等设施

表5-28　我国招待所规模

规　模	床位（个）	面积（m²/床）
小　型	<300	13～16
中　型	300～500	14～18
大　型	500～800	15～20

（4）旅馆场地的选择及用地指标

旅馆场地的选择应符合以下要求，如表5-29所示，应统筹考虑基地类型、位置及环境因素。

①基地选择应符合当地城市规划要求等基本条件。

②与车站、码头、航空港及各种交通路线联系方便。

③建造于城市中的各类旅馆应考虑使用原有的市政设施，以缩短建筑周期。

④休养、疗养、观光、运动等旅馆应与风景区、海滨及周围的环境相协调。

表5-29 选址参考

基地类型	位 置	基地选择因素	特 点
城市中心	城市主要商业区城市中心广场	适合建造商务、旅游、城市中心高级旅馆	金融业集中商业繁华
名胜风景区	海滨、温泉等旅游名胜区内	适合建造休养、温泉、海滨、名胜及游乐场旅馆	环境宜人气候舒适
交通线附近	靠近机场、码头、车站及公路干线	适合建造机场、车站、中转及汽车旅馆	

旅馆建筑的用地指标可根据容积率来确定，具体情况可参见表5-30、表5-31、表5-32。

表5-30 国内部分旅馆容积率

地 区	旅馆名称	占地面积（m²）	总建筑面积（m²）	容积率	客房间数
北京	国际饭店	42000	105000	2.5	1047
北京	昆仑饭店	2000	84230	4.2	1005
上海	城市酒店	1500	19787	11.97	304
上海	虹桥宾馆	16800	67218	3.14	713
上海	新锦江大酒店	22000	30197	1.4	417
广州	中国大酒店	19600	159000	8	1017
山东	阙里宾舍	24000	13669	0.6	165
广东	东莞宾馆	14500	12000	0.8	165
四川	岷山饭店	10460	31280	2.0	357
西藏	拉萨饭店	57000	39780	0.6	518

表5-31 国外部分旅馆容积率

旅 馆 名 称	建筑用地（m²）	建筑面积（m²）	容积率	客房间数（间）	建筑用地/客房间数
俄罗斯宾馆	90000	—	—	3182	28.3
瑞典玛尔摩旅馆	1700	—	—	288	62
日本东京帝国旅馆	24356	121833	—	1300	18.8
日本东京新大谷旅馆	60100	60100	1.7	1047	58
日本东京新大谷新馆	65400	85700	1.3	1022	64
日本东京京王广场旅馆	14500	116000	8	1056	13.7
新加坡明式庭园旅馆	5350	24000	4.5	240	22
土耳其伊斯坦布尔希尔顿旅馆	81000	—	—	300	90
泰国曼谷旅馆	27470	61780	2.25	525	525

续表

旅馆名称	建筑用地 （m²）	建筑面积 （m²）	容积率	客房间数 （间）	建筑用地 客房间数
埃及尼罗希尔顿旅馆	26500	—	—	400	66
美国匹兹堡希尔顿旅馆	7000	52350	7.5	807	8.7
美国达拉斯希尔顿旅馆	5300	64.550	12	1001	5.3
美国伯佛利希尔顿旅馆	34500	—	—	450	76.5

表 5-32　国内各类招待所面积和容积率

招待所规模	总面积指标	低层容积率	高层容积率
大型各等级招待所	15～20m²/床	>1.5	>2.2
中型各等级招待所	15～20m²/床	>1.5	>2.2
小型各等级招待所	15～20m²/床	>1.5	>2.2
备　注	各类招待所建设基地面积按 m²/床计算		

（5）旅馆总平面布局

旅馆总平面布局应综合考虑以下问题：

①总平面组成

除合理组织主体建筑群位置外，还应考虑广场、停车场、道路、庭院、杂物堆放场地的布局。根据旅馆标准及基地条件，还可考虑设置网球场、游泳池及露天茶座。

②广场设计

根据旅馆的规模，进行相应面积的广场设计，供车辆回转、停放，尽可能使车辆出入便捷，不互相交叉。

③旅馆出入口

主要出入口：位置应显著，可供旅客直达门厅。

辅助出入口：用于出席宴会、会议及商场购物的非住宿旅客出入。适用于规模大、标准高的旅馆。

团体旅馆出入口：为减少主入口人流，方便团体旅客集中到达而设置。适用于规模大的旅馆。

职工出入口：宜设在职工工作及生活区域，用于旅馆职工上下班进出，位置宜隐蔽。

货物出入口：用于旅馆货物出入，位置靠近物品仓库或堆放场所。应考虑食品与货物分开卸货。

垃圾污物出口：位置要隐蔽，处于下风向。

④旅馆出入口步行道设计

步行道系城市至旅馆门前的人行道，应与城市人行道相连，保证步行至旅馆的旅客安全。

在旅馆出入口前适当放宽步行道。

步行道不应穿过停车场与车行道交叉。

⑤旅馆停车

根据旅馆标准、规模、投资、基地和城市规划部门规定，考虑地面广场停车、地下及地面多层独立式车库等停车方式，职工自行车停车数，按职工人数 20% ~ 40% 考虑，面积按 1.47m²/辆计算。

⑥总平面布置方式

分散式：适用于宽敞基地，各部分按使用性质进行合理分区，布局需紧凑，道路及管线不宜太长。

集中式：适用于用地紧张的基地，须注意停车场的布置、绿地的组织及整体空间效果。

5.4.9 综合医院

（1）综合医院的定义

凡城镇以上医院，同时具备下列条件者为综合医院。

①应设置包括大内科、大外科、妇产科、儿科、五官科等五科以上病科者。

②应设置门诊部及 24 小时服务的急诊部和住院部。

③病房的设置应符合《综合医院建筑设计规范》要求。

（2）综合医院的分类

根据我国"三级医疗网"医疗体制，可对医院进行如图 5-8 所示的分类。

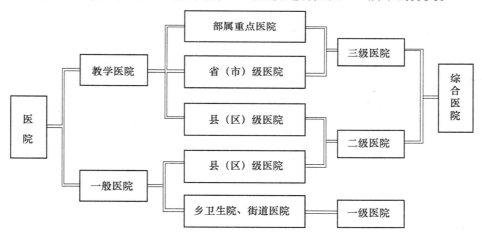

图 5-8 采用"三级医疗网"医疗体制对医院的分类

（3）综合医院的规模及用地

综合医院规模的确定可参见表 5-33。

表 5-33 综合医院的规模指标

类　别	床位数	说　明
县以上城市	4 ~ 6 床/每千人	本表根据 2004 年中华人民共和国卫生部关于《综合医院建设标准》修改意见稿整理
县及县以下地区	2 ~ 4 床/每千人	

综合医院的建设用地，包括急诊部、门诊部、住院部、医技科室、保障系统、行政管理和院内生活用房等七项设施的建设用地，道路用地、绿化用地、堆晒用地（用于燃

煤堆放与洗涤物品的晾晒）和医疗废物与日产垃圾的存放、处置用地。床均建设用地指标应符合表 5-34 的规定。

表 5-34　综合医院建设用地指标　　　　　　　　　　　　　m²/床

建设规模	200 床	300 床	400 床	500 床	600 床	700 床	800 床	900 床	1000 床
用地指标	117		115		113		111		109

注：表中所列是综合医院七项基本建设内容所需的最低用地指标。当规定的指标确实不能满足需要时，可按不超过 11m²/床指标增加用地面积，用于预防保健、单列项目用房的建设和医院的发展用地。

　　设有研究所的综合医院应按每位工作人员 38m²、承担教学任务的综合医院应按每位学生 36m²/床均用地面积指标以外，另行增加科研和教学设施的建设用地。新建（迁建）综合医院，应设置公共停车场，并应在床均用地面积指标以外，按小型汽车用地 25m²/辆和自行车用地 1.2m²/辆，另行增加公共停车场用地面积。停车的数量应按当地有关规定确定。

　　综合医院中急诊部、门诊部、住院部、医技科室、保障系统、行政管理和院内生活用房等七项设施的床均建筑面积指标，应符合表 5-35 的规定。

表 5-35　综合医院建筑面积指标　　　　　　　　　　　　　m²/床

建设规模	200 床	300 床	400 床	500 床	600 床	700 床	800 床	900 床	1000 床
面积指标	80		83		86		88		90

注：本表摘自 2004 年卫生部《综合医院建设标准》征求意见稿。

（4）综合医院的场地分析图

综合医院的场地构成及功能关系分析图如图 5-9 所示。

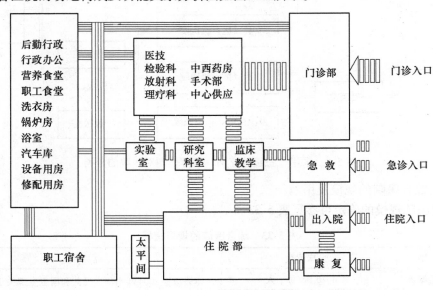

图 5-9　医院功能关系示意

（5）综合医院的场地选择

综合医院的场地选择应考虑以下因素：

①医院基地应由国家及省、市卫生部门按三级医疗卫生网点布局要求及城市规划部

门的统一规划要求定址。

②基地要求交通方便、便于病人到达，同时要求环境安静，远离污染源。

③基地大小应按卫生部门颁发的不同规模医院用地标准；在节约用地的情况下，应适当留有发展扩建的余地。

④医院基地应有足够的清洁用水源，并有城市下水管网的配合。

（6）综合医院的总平面设计要求

综合医院的总平面设计要求如下：

①新建、改扩建医院均应有总平面设计规划，其布局应功能分区合理，洁污线路清楚，布置紧凑并留有发展用地。

②医疗、医技区应置于基地的主要中心位置，其中门诊部、急诊部应面对主要交通干道，在大门入口处。

③不同部门的交通路线应避免混杂交叉，各出入口应与各部门紧密联系，合理组织水、暖、电设备供应路线，尽量使路线短接，减少不必要的能量损耗。

④后勤供应区用房应位于医院基地的下风向，与医疗区保持一定距离或路线互不交叉干扰，同时又应为医疗、医技区服务，联系方便。例如营养厨房应靠近住院部，最好有廊道连接以便送饭；锅炉房应距采暖用房近，以减少管道能耗；晒衣场与晒中药场地均应不受烟尘污染；停尸房宜设在基地下风向的隐蔽处，并避免干扰住院病人，有方便的路通院外。

⑤医院职工宿舍等生活用房，不宜设在医院基地内。

5.4.10 展览馆

（1）展览馆的定义

展览馆是展出临时性陈列品的公共建筑。展览馆通过实物、照片、模型、电影、电视、广播等手段传递信息，促进发展与交流。大型展览馆结合商业及文化设施成为一种综合体建筑。

有许多国家参加的规模宏大的产品、技术、文化、艺术展览及娱乐活动的临时性综合建筑称国际博览会。

（2）展览馆的组成及场地功能分析

由于各类展览馆的性质、规模差别较大，建筑组成各自有所侧重。展览馆一般应包括下列基本组成部分：展览区、观众服务区、库房区、办公后勤区。各部分包含的用途空间如表5-36所示，功能分析如图5-10。

表5-36 一般展览馆组成

组成部分	房 间 名 称
展览区	室内展厅（陈列室）、讲解员室、室外陈列场地
观众服务区	传达室、售票室、门厅、小卖部、走道、电梯、楼梯、休息室、接待室、贵宾室、会议室（洽谈室）、急救室、厕所等； 剧场、电影院、商场、餐馆、旅馆、邮局、球类馆、广场等
库房区	内部库房、临时库房、装卸车间、观察调度室、洗涤室
办公后勤区	内部办公室、临时办公用房、馆长室、内部会议室；电梯机房、电话总机室、警卫室、空调机房、锅炉房、变配电室、空压机房、冷冻机房、水泵房、消防控制室、防盗录像监控室、车库、浴室、厕所等

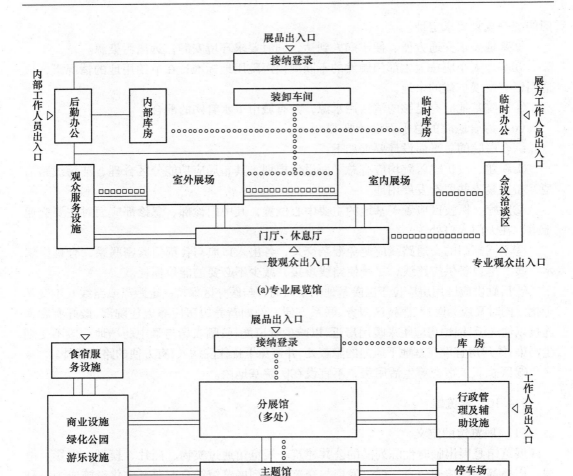

(a)专业展览馆

(b)综合性展览馆、国际博览会

══ 一般观众路线 □□□□ 专业观众路线 ── 工作人员路线 ○○○○ 展览路线

图 5-10 功能分析图

（3）展览馆规模及分类

展览馆根据展出规模及展出性质可有不同类型，见表5-37及表5-38。

表5-37 按展出规模分类

分 类	建筑总面积（m²）	功能空间构成及说明	实 例
国际博览会	100000～300000	展览馆（多处）、广场、商店、餐饮设施、游乐设施等	英国伦敦万国博览会 加拿大国家博览会
国家级、国际性 展览馆	35000～100000	展览厅、会议中心。一般可附有剧场、商场、饭店、球类馆等公众设施	北京国际展览中心 美国纽约会议中心

续表

分　类	建筑总面积（m²）	功能空间构成及说明	实　例
省级展览馆	10000～35000	展览厅、会议室等	济南国贸中心 江苏省工贸经营中心 天津国际展览中心
地市级展览馆	2000～10000	展览厅、会议室等。展厅应可同时用于地市级政治、经济、文化集会	无锡市展览馆 常州工业展览馆
展览（陈列）室	200～500 左右	多用于城市中的商业性展览，如服装、家电、美术作品等	上海第二轻工业局产品陈列室等
其他展览设施	面积不定	多用于城市中的商业宣传、社会教育等简易的大众普及型展览	城市街头橱窗、展览廊、可移动的展览车船等

注：专业性展览馆的规模与建筑面积的关系可能因展品尺度不同而出现例外。

表 5-38　按展出性质分类

分　类	展　出　内　容	实　例
专业性展览馆	展出内容局限于某类活动范围，如工业、农业、贸易、交通、科技、文艺等	北京农业展览馆 桂林技术交流展览馆等
综合性展览馆	可供多种内容分期或同时展出	北京国际展览中心
国际博览会	展出许多国家的产品和技术品，也是各参展国最近建筑技术与艺术的展示	日本筑波国际科技博览会 神户港岛博览会

（4）展览馆场地的选择

展览建筑功能复杂，尤其是大型展览馆对城市交通和城市景观有较大影响。基地选择应注意以下几点：

①基地的位置、规模应符合城市规划要求。

②应位于城市社会活动中心地区或城市近郊。

③交通便捷且与航空港、港口或火车站有良好的联系。

④大型展览馆宜与江湖水泊、公园绿地结合。充分利用周围现有的公共服务设施如旅馆、文化娱乐场所等。

⑤基地须具备齐全的市政配套设施：道路、水、电、煤气等管线。

⑥积极利用荒废建筑改造或扩建，也是馆址选择的途径之一。

（5）展览馆的场地布局

展览馆的场地总体布置要求如下：

①建筑覆盖率宜在 40% ~50% 左右。

②建筑内展览的区域一般位于底层，以便于展品运输及大量人流集散。其层数不应超过二层。

③必须留有大片室外场地，以供展出、观众活动、临时存放易燃展品、停车及绿化的需要。

④在总体上应留有扩建的可能性。

⑤馆内公共活动区观众密度要考虑同时安排两个以上大型展览会时的最大日人流量值。一般可按 $15m^2/$ 人控制估算。

⑥主要组成部分的布置要点：

展区应位于馆内显要部位，便于人员集散与展品运输。

库房区应紧邻展区以利运输，又要与之隔离，避免观众穿越。

观众服务区应贴临馆前集散场地且靠近展区。大型观众服务设施应自成一体，与展区保持良好联系，设有单独出入口。

后勤办公区与展馆可分可合。

（6）博览会会场选址规划设计

①会场选址

会场应根据投资规模、其所在地区人员密度、城市规划决定地址。

应远离城市中心区以减轻城市交通压力。

应有建造直达市区的大客流量交通设施的条件。

②会场规划

控制用地，因地制宜安排各组成部分用地。

建筑密度宜控制在 30% ~35% 以下，合理布置绿化。

应做好人、车流道路分级，场外交通不得穿越其展馆区。适当考虑必要的过境交通和场外交通需要的停车场所。

5.4.11　博物馆

（1）博物馆的定义及分类

博物馆是供搜集、保管、研究和陈列、展览有关自然、历史、文化、艺术、科学、技术方面的实物或标本之用的公共建筑。

博物馆具有为社会和社会发展服务的、向公众开放的、不追求营利的特点，是以研究、教育、欣赏为目的的公共建筑。

除被指定为博物馆的机构外，下列机构也被认为符合博物馆定义：图书馆和档案馆长期设置的保管机构和展览厅；在搜集、保护和传播活动方面具有博物馆性质的考古学、自然方面的遗址及历史遗址；陈列活标本的机构，如森林公园、动植物园、水族馆、动物饲养场或植物栽培所等；自然保护地区；科学中心和天文台。

博物馆根据展出内容及性质可进行如下分类，见表5-39。

表 5-39 博物馆的分类

分类	综合博物馆	社会历史类	自然科技类	其他
内容	所有部门的资料	有关历史、考古、民族、民俗资料、造型艺术等生活和文化资料	自然科学和技术产业资料	特定的或未够级别的资料
种类	地方志博物馆	历史博物馆 革命历史博物馆 军事博物馆 文化博物馆 考古博物馆 民族博物馆 人类博物馆 体育博物馆 民俗博物馆 建筑博物馆 宗教博物馆 戏剧博物馆 美术博物馆 工艺博物馆 碑林博物馆 雕塑博物馆 遗址博物馆	理工学博物馆 医学博物馆 植物学博物馆 古生物学博物馆 海洋学博物馆 植物博物馆 动物博物馆 天文博物馆 水利博物馆 地质博物馆 水族馆 产业博物馆 交通博物馆 科学技术史博物馆 科学技术博物馆	大学博物馆 历史人物纪念馆 历史事件纪念馆 文物陈列室 文物保管所 陵墓 烈士陵园 故居 科学会堂

注：博物馆藏品性质和博物馆所反映的内容决定了彼此的差别；根据不同的性质和内容，并只有在符合博物馆实际的基础上划分博物馆类型才有意义。

（2）博物馆规模及等级

博物馆等级与规模见表 5-40 所示。

表 5-40 博物馆等级与规模

规模与面积	耐久年限	耐火等级	适 用 范 围
大型馆 （≥10000m²）	≥100 年	2 级	省（自治区、直辖市）及 各部（委）直属博物馆
中型馆 （4000 ~ 10000m²）	50 ~ 100 年	2 级	省辖市（地）及各省厅 （局）直属博物馆
小型馆 （≤4000m²）	50 ~ 100 年	2 级	县（市）及各地、县局直 属博物馆

注：1. 面积系指博物馆（陈列展览、文物标本库藏、科学研究、业务和行政办公等）用房面积以及观众服务设施，不包括职工宿舍。

2. 县（市）博物馆如已超过4000m²，为确保文物标本的安全和博物馆各项业务活动的正常进行，不得迁入其他单位。

（3）博物馆场地的组成

博物馆最基本的组成有陈列区、藏品库区、技术和办公用房以及观众服务设施等几部分。其他设施需根据各馆的性质、规模、任务和藏品特点而定。大型历史、自然博物馆和艺术博物馆的组成有几部分：

①陈列区：基本陈列室、专题陈列室、临时展室、室外展场、陈列装具贮藏室、进厅、报告厅、接待室、管理办公室、观众休息处及厕所等。

②藏品库区：藏品库房、藏品暂存库房、缓冲间；保管设备贮藏室及制作室、管理办公室等。

③技术和办公用房：鉴定编目室、摄影室、薰蒸消毒室、实验室、修复工场、文物复制室、标本制作室、研究阅览室、管理办公室及行政库房等。

④观众服务设施：纪念品销售部、小卖部、小件寄存处、售票房、游乐室、停车场及厕所等。

场地组成功能关系分析如图 5-11 所示。

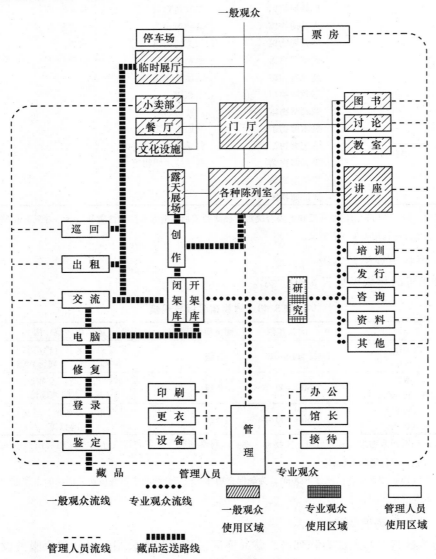

图 5-11 场地组成功能关系分析

（4）博物馆场地的选择

博物馆场地的选择应考虑如下问题：

①博物馆选址宜地点适中，交通便利，城市公用设施完备，并具有适当的用于博物馆自身发展的扩建用地。

②不应在环境污染的区域内，远离易燃、易爆物。

③场地干燥，排水通畅，通风良好。

选址示意如图5-12所示。

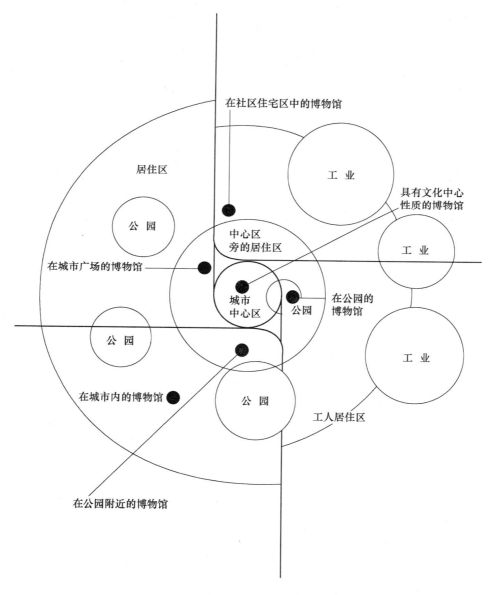

图5-12　选址示意图

（5）博物馆的场地布局

博物馆的场地布局应综合考虑如下因素：

①大、中型馆应全面规划，一次或分期建设，同时应独立建造。小型馆若与其他单位合建时，须满足博物馆的环境和使用功能要求，应自成一区，单独设置出入口。

②除得到当地规划部门的允许外，新建馆的基地覆盖率不宜大于40％，并有充分的空地和停车场地。

③馆内一般应有陈列区、藏品库区、技术及办公用房以及观众服务设施等四个功能分区。

④功能分区应明确合理，使观众参观路线与藏品运送路线互不交叉，场地和道路布置应便于观众参观集散和藏品装卸运送。

⑤陈列区不宜超过四层。二层及二层以上的藏品库或陈列室要考虑垂直运输设备。

⑥藏品库应接近陈列室布置，藏品不宜通过露天运送和在运送过程中经历较大的温湿度变化。

⑦陈列室、藏品库、修复工场等部分用房宜南北向布置，避免西晒。

⑧如当陈列室、藏品库在地下室或半地下室时，必须有可靠的防潮和防水措施，配备机械通风装置。

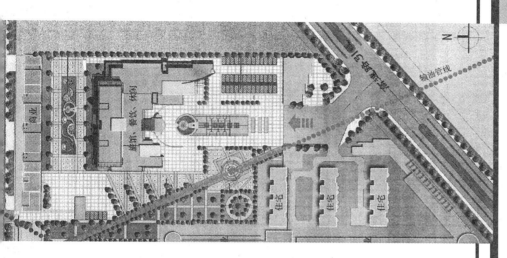

6

实 例

6 实 例

6.1 注册建筑师考试条例

注册建筑师考试条例见附录一。

6.2 注册建筑师考试大纲

（1）场地设计（知识部分）

场地设计（知识）。理解场地的地理特征、交通情况、周围建筑及邻里露天空间特征，考虑人的心理对场地设计的影响，解决好人流、车流、主要出入口、道路、停车场地、竖向设计、管线布置等，符合建筑高限、建筑容积率、建筑密度、绿化面积等要求，符合法律法规的规定。

（2）场地设计（作图部分）

场地设计（作图）。着重检验应试者的规划设计能力和实践能力，对试题能做出令人满意的解决，包括：场地布置、竖向设计、道路、广场、停车场、管道综合、绿化布置等，并符合法规规范，不着重于绘画技巧。

（3）相关说明

全国一级注册建筑师考试大纲对"建筑设计与表达"的要求是"着重检验应试者的规划设计构思能力和实践能力，对试题能做出令人满意的解决，包括：总平面布置、建筑设计、结构选型、设备用房及管道系统等，并符合法规规范，不着重于绘画技巧"，而"二级"注册考试大纲的要求是"着重检验应试者对中小型建筑工程的规划设计构思能力和实践能力，对试题能否做出合理的解决，包括：场地设计、建筑设计、结构选型、设备用房及管道系统等，并符合法规规范，不着重于绘画技巧"。"一级"与"二级"的区别除了考题的难易程度之外，主要有三个方面：

第一，"二级"限定在中小型建筑工程，而"一级"没有对建筑规模限定范围。

第二，"一级"要求对试题做出"令人满意的解决"而"二级"是"合理的解决"。

第三，"一级"包括"总平面布置"，而"二级"包括"场地设计"。因为"一级"对场地设计知识和场地设计作图另作为单独科目进行考试，因此建筑设计与表达的作图题中所涉及的总平面布置则侧重于建筑平面与出入口等环境关系上。

由于场地设计是建筑师不可缺少的一门基本知识，"二级"既然不单独考场地设计知识和作图，于是将场地设计列入《建筑设计与表达》的考题之中。

建筑设计本身需要综合运用场地总平面、个体平立剖面、空间等的设计原理和建筑构造、建筑设备、建筑电气等各种学科、各种知识以及各项法规规范。建筑设计与表达的作图题主要检验的是应试者对设计相关理论知识的掌握程度，虽然"二级"考试没有选择题，但这不意味着降低了对理论和法规知识的放松。所以，应试者只有在掌握建筑设计的理论和法规知识的基础上，才能准确完成作图题。

6.3　注册建筑师场地设计考试实例

(1) 美国注册建筑师考试场地设计作图题

场地设计作图部分的考试为一小品。分南北两部分，两者在总体上是相关的，但必须分别解题，并分别评分。

少年中心

位于阳光带的一个小镇计划把一座废弃不用的火车站改为少年活动中心。路轨及车站平台在多年前早已拆除。现在场地北、东均毗邻一个公园，砖结构的车站位于国家历史文物记录中，并被视为古典复兴期的一个出色范例。通往门廊的踏步已败坏无法修理而必须拆除。铁路部门保留了 25 英尺宽的地段权，在该段内不得建造除走道及排水之外的任何构造物。市政委员会已接受一个 12 英尺直径及英尺高的喷泉的惠赠，其条件是要把它纳入场地设计中并要取得最大的视觉效果。重要的是保持该场地的整体性，特别是从索萨利托大街看过来的车站的古典式立面。图中所示的树种为开花的山茱萸，这些树全部需要保留。预计今后附近的社团及本区的少年参加网球联赛时，来人将坐大型汽车，由送货车提供服务，送货不宜与"主配"车流或大车车流高峰期同时发生。

小品 1：地段以北（注：地段指场地内必须留出的通行区段）

◆ 围绕网球场及仓库做出平整场地规划，但不要更动网球场的场地高程设计；

◆ 场地排水应引向图示的集水区，不得另设集水区或挡土墙；

◆ 提供并指出表面排水模式；

◆ 保留所有现有树木；

◆ 以实线表示所有新等高线。

小品 2：地段以南

◆ 车辆出入限于索萨利托大街；

◆ 拟订并布置 18 辆车的停车位是（90°），其中 2 辆应为无障碍的，无障碍空间的位置应使用户可以不穿过车道而到达主入口；

◆ 表示服务车辆流通线及乘客下车位置；

◆ 提供和指明 2 辆 24 英尺长的大车的停车位置；

◆ 指明喷泉位置；

◆ 指明进入少年中心的通道需要时用踏步或斜道；

◆ 指明所有人流道；

◆ 需要时为屏蔽而添加树及种植物。

您的设计应符合下列标准：

◆ 无栏杆斜道的最大坡度：1:20

◆ 有栏杆斜道的最大坡度：1:12

◆ 两平台间斜道最大长度：30 英尺

◆ 大车及送货车转弯半径：最小 24 英尺

◆ 车道宽：单向，最小 18 英尺

　　　　双向，最小 24 英尺

◆ 人行道及斜道宽：最小 5 英尺

◆ 停车位：最小 9 英尺×18 英尺

◆ 无障碍停车位：13 英尺×20 英尺

试题如图 6-1 所示。

（2）场地设计示范性答卷

［设计方案一］北面部分评价：

首先考虑的是把雨水恰当地绕过网球场而排走。为此，建立了一些低凹地以便从高处排除及引走雨水，位置设在场地东北角及网球场两边，鉴于不能用挡土墙，等高线就不能在高于绘定高程上与场边交接。因此，等高线 104 及 105 就必须伸过网球场的东北角，场地高程定为 103.17。

等高线 103 是唯一能与场边交接的一条。网球场的西南角可以稍高于附近标高，如果 102 等高线与西南角的边沿相交的话，这一方案可以恰当地解决东北角的排水问题。凹地的确切位置及长度可以变化，但必须能恰当地定出凹地等高线。

其次，考察网球场的西部，以确定是否可以在不改变现有树的高程的前提下把水引向集合区，本答卷也能满足这一要求。所确定的等高线范围内的最小坡度是可以接受的。

然而，对于仓库建筑处的坡度，经考察发现没有做出措施引开建筑物周边的水，人行道由于采用涵洞把水引向集水区而可以接受。

本答卷为总体地解决竖向设计提供了一个好的范例。既使评分员发现在仓库处有严重遗漏，但答卷的其他部分则比较完善及正确，使评分员确信应考人对控制场地排水问题已经掌握。

［设计方案一］南面部分评价：

垂直流通设计。首先要考虑的是划分三个分区的垂直流通：小汽车流通、大车流通及服务区。在考察小汽车流通时，评分员认为规划是可行的。90°车位的数量正确并按照要求提供了从索萨利托街的入口。在场地内，司机能找到停车位，当车位占满时，又可以继续沿场地行驶而不需离开场地。大车流通也是方便的，大车可以从停车区回到下车区使乘客上车。下车区稍见拥挤，停在那里的大车会短时影响企图退出停车区的车辆。对一辆24英尺长的大车而言，从大车区退出的面积也偏小。

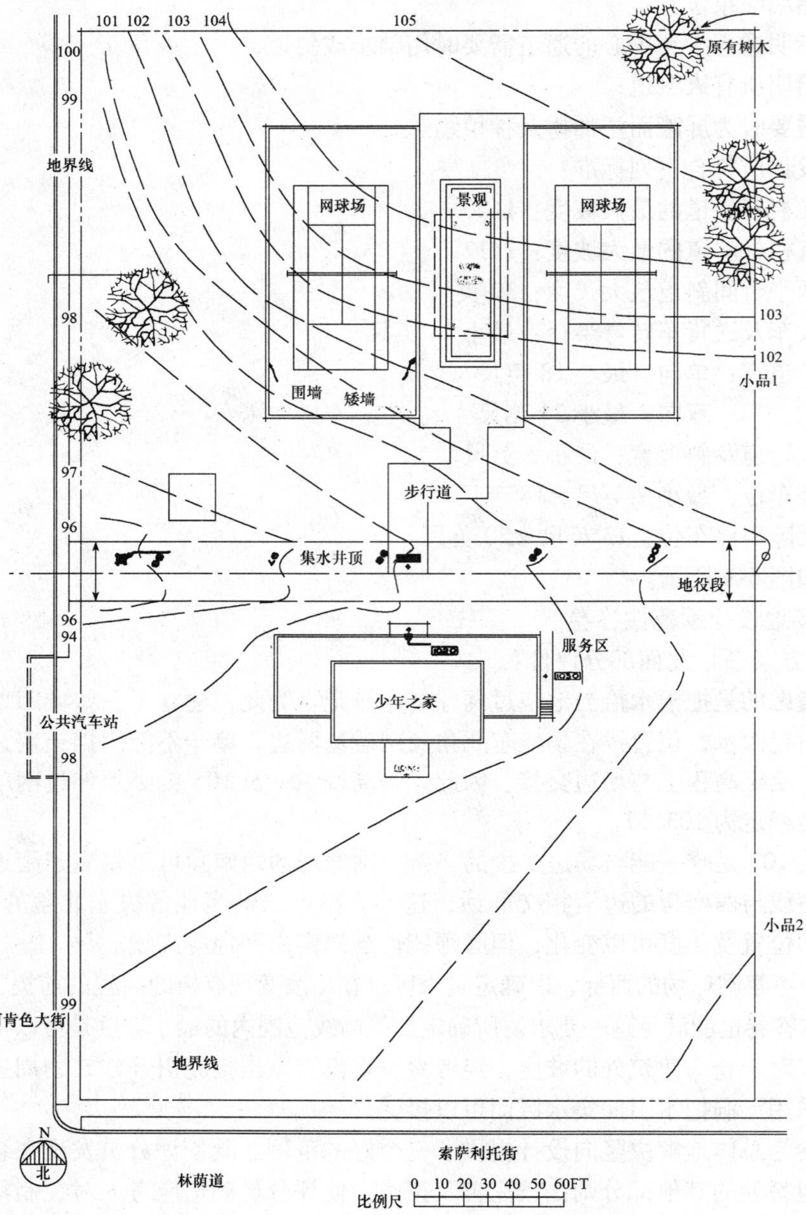

图6-1 场地设计考试图

服务流通是直接并有效的。服务车辆可直接进入服务区而不必穿过停车场。服务区也按要求设置了景观物作为屏蔽。

人流设计。从公共车站到少年中心以及从少年中心到网球场的人流通道均已提供。

残疾人通道。残疾人出入也已提供，停车位置放在建筑物附近，毋需使用者穿过车流道。在残疾人停车区邻近设置了一条方便的坡道。

景观设计。本答卷景观设计的一个不足之处是这些小品放得太靠近树干并位于若干棵树的露水范围内。

设计考虑喷泉位于门廊中轴线上，并有企图通过景观设计加强建筑物古典式立面的效果。

与北部分一样，本答卷不够完善，但总的来说它可以满足评分要求。

示范型答卷如图 6-2 至图 6-7 所示。

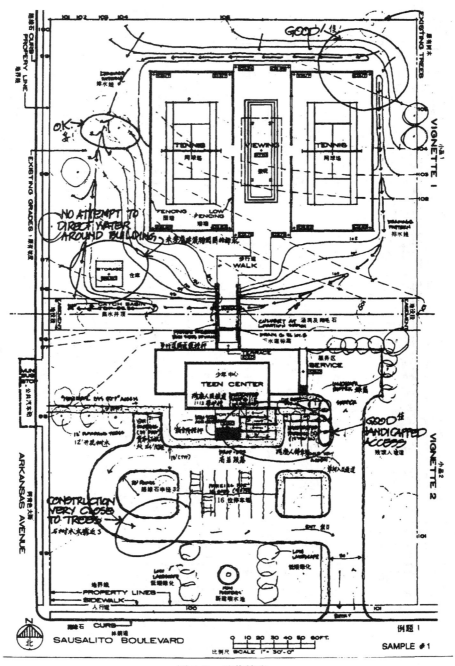

图 6-2　示范答卷一

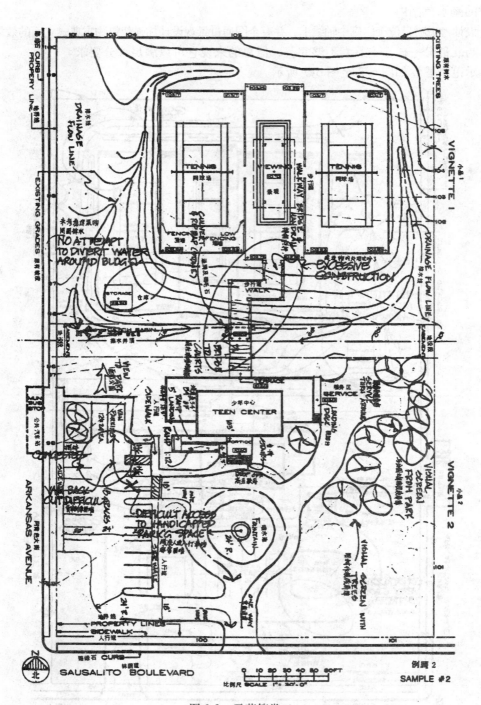

图 6-3 示范答卷二

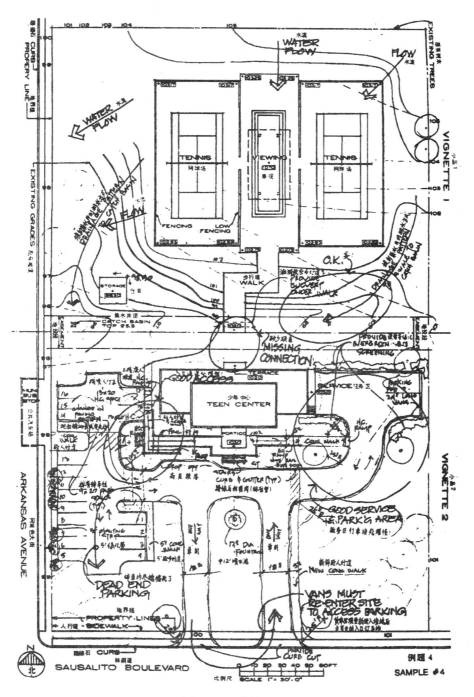

图6-4　示范答卷三

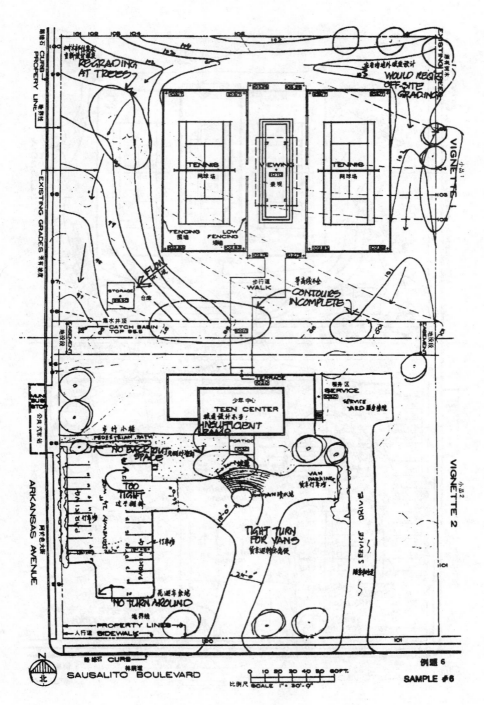

图 6-5 示范答卷四

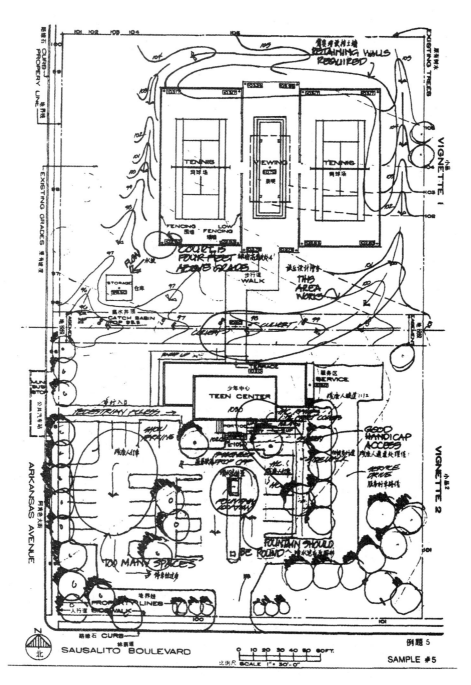

图 6-6　示范答卷五

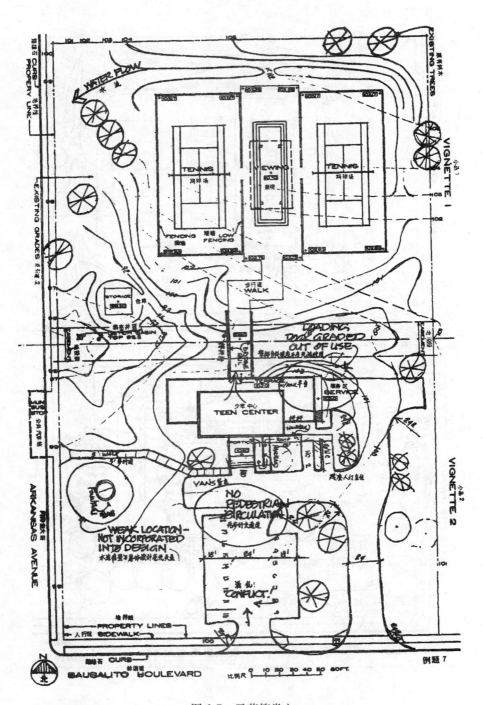

图 6-7　示范答卷六

6.4 场地设计实例

（1）高碑店市文化中心广场

高碑店市文化中心广场已经建成，位于市中心迎宾路与幸福南路交叉口，市政府斜对面。东西长约280m，南北长约310m。设计内容包括：世纪广场、观礼台、游憩娱乐广场、激光音乐喷泉广场、商业游廊、步行商业街、电视塔等。

图6-8所示为总平面图。参见彩图34、彩图35。

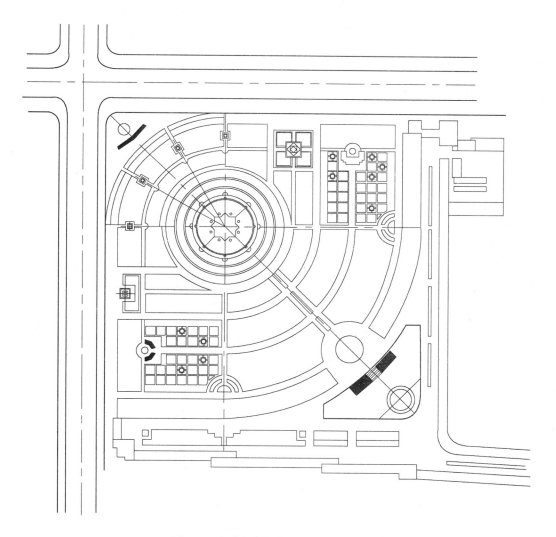

图6-8 高碑店市文化中心广场总平面图

图 6-9 所示为广场的分析图。

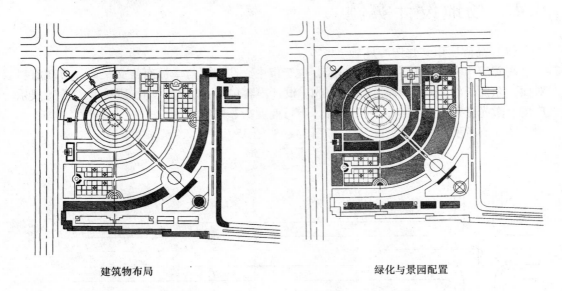

建筑物布局　　　　　　　　　　　　　　　绿化与景园配置

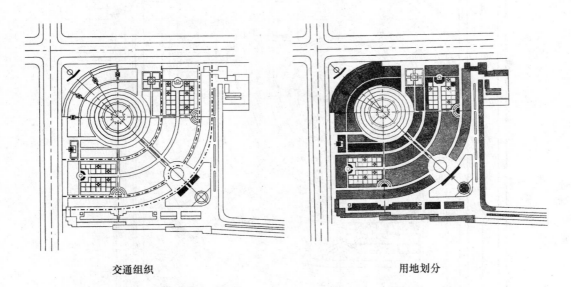

交通组织　　　　　　　　　　　　　　　　用地划分

图 6-9　高碑店市文化中心广场分析图

（2）雄州市文化娱乐广场设计

雄州市文化娱乐广场位于市中心人民路一侧，人民商场对面。设计用地 180m ×
180m。设计内容包括：观礼台、游憩娱乐广场、激光音乐喷泉广场、商业游廊、步行
商业街、停车场等。

由于地处市中心商业区，广场周围新建商业建筑形成广场的新界面，历史上这块地
就是庙会与集市的完美结合，是进行民间演出的场地，规划设计过程中综合各种设计要
素，充分考虑了商业效益、环境效益、社会效益，达到三者的完美统一。图 6-10 为广

场的总平面图，图 6-11 为广场的效果图，图 6-12 为广场的分析图，参见彩图 36。

（3）雄州市温泉湖休闲广场设计

雄州市温泉湖休闲广场设计位于市河北大街和铃铛阁大街交叉口一侧，设计转角场地要与温泉湖保护相结合，并且成为雄州市的重要景观。设计内容包括：绿化广场、游憩娱乐广场、激光音乐喷泉广场、温泉湖保护堤岸、商业游廊等。雄州市温泉湖休闲广场的总平面图、效果图、分析图如图 6-13、图 6-14、图 6-15 所示。参见彩图 32。

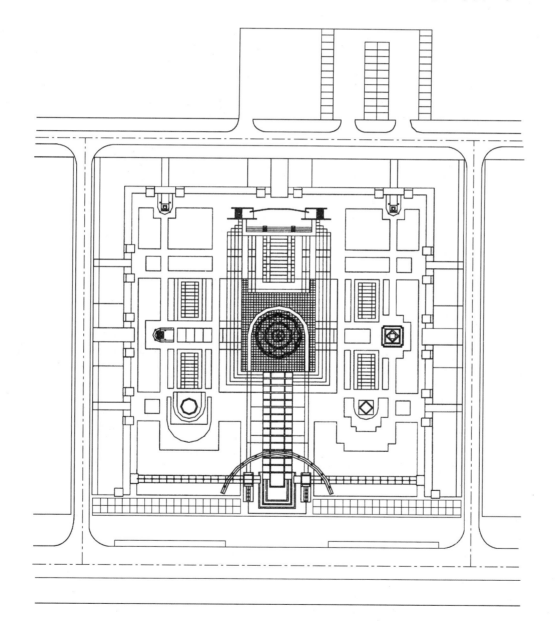

图 6-10 雄州市文化娱乐广场总平面图

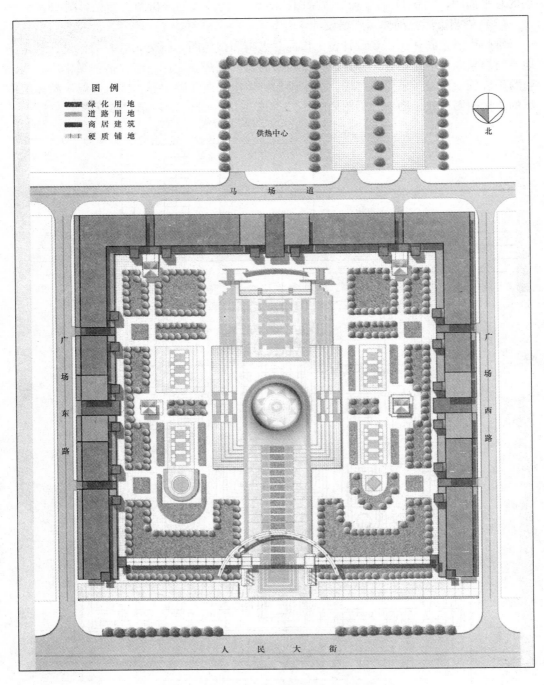

图 6-11 雄州市文化娱乐广场效果图（1:400）

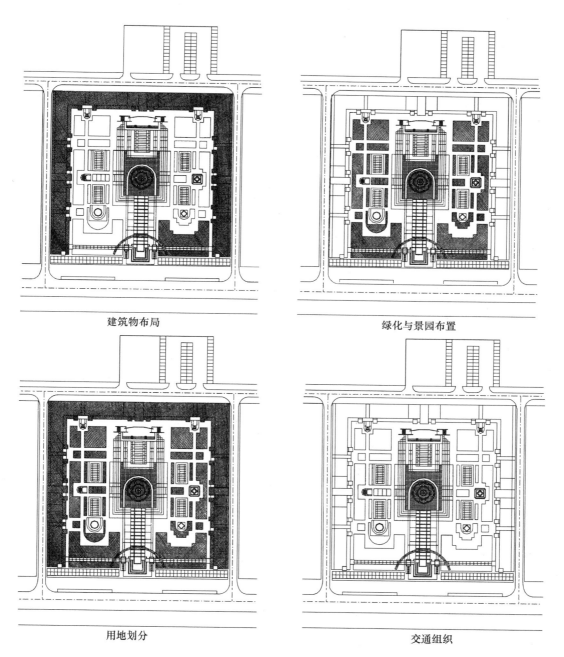

建筑物布局   绿化与景园布置

用地划分   交通组织

图6-12　雄州市文化娱乐广场分析图

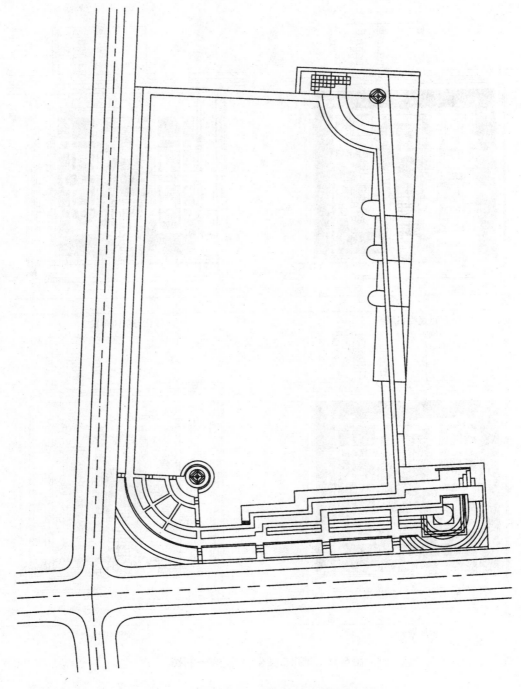

图 6-13 雄州市温泉湖休闲广场总平面图

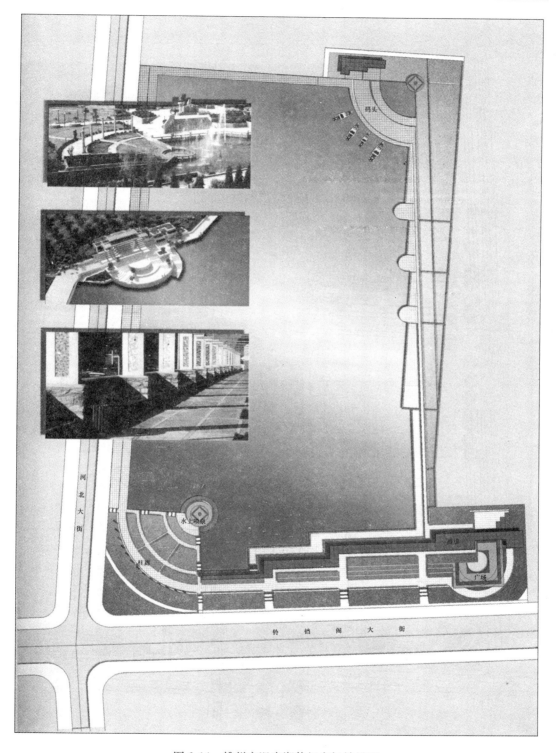

图6-14 雄州市温泉湖休闲广场效果图

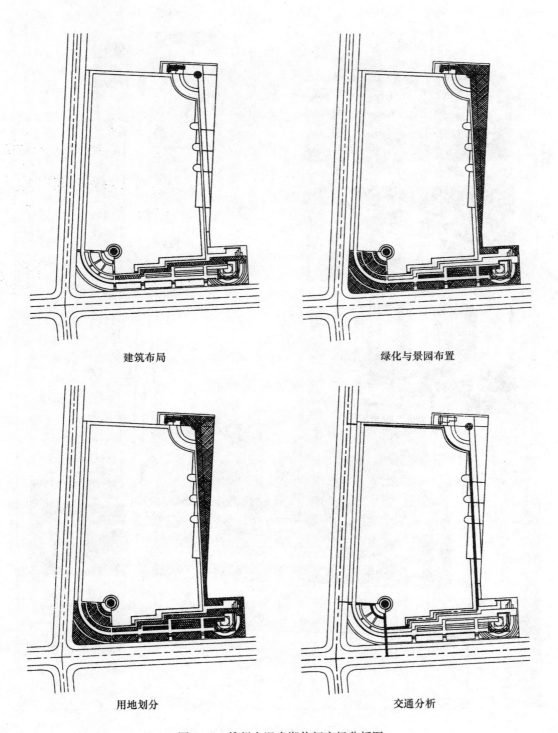

建筑布局　　　　　　　　　　　　绿化与景园布置

用地划分　　　　　　　　　　　　交通分析

图 6-15　雄州市温泉湖休闲广场分析图

（4）河北农业大学教学中心规划设计

该工程位于河北农业大学校园西南角，东面为校园界，南面临三丰路，与拟建学校主门相对，西邻灵雨寺科技一条街，北面与教学区及户外学生运动场地相呼应。

综合教学中心主楼的位置与作用都很重要，它是河北农业大学的标志性建筑，是一项面向 21 世纪的工程。

该建设项目由 2000 座剧场、150 座教室群、综合办公楼等组成，总用地面积 26136m²，总建筑面积 25000m²，主楼高 12 层，总高度 45m。

方案设计强调整体性和场所精神，学校是逐步发展形成规模的，新设计的建筑群应与校园其他建筑融为一体，要为原有环境增色，而不能破坏原有的文脉与历史延续性，该建筑群旨在为人创造学习和交往的"场所"，设计是为表现一定的"场所精神"服务的，而"场所精神"离不开特色，其特色要借助于建筑形象及其环境所蕴含的情调、神韵、气氛、节奏、尺度、风格等显现出来。而本设计正是在尊重学校环境，兼容并蓄，创造一个丰富的含有"多义性"的人造环境及设计风格的新校园建筑群。

综合教学楼基地为一东西方向较长的长方形用地，它与北面的教学区及户外学生运动场地形成对应关系，从宏观来看，尊重周围环境，协调综合教学楼与校园、综合教学楼与城市的关系，是总平面布局首先考虑的问题，以北面的学生运动场地之间的中心轴线及拟建的科研试验楼之间围合形成中心广场和办公楼中心轴线的校园涉外广场，综合教学楼平面在与用地协调的原则下强调变化，而这种变化是基于尊重环境、协调环境目的而做出的。

在平面设计中强调一条指向中心广场的轴线，将室内室外有机联系起来，这也是本方案的独特之处，该建筑群主要由 2000 座剧场、150 座教室群、200 人学术报告厅、综合办公楼组合而成，建筑群中间形成中心广场，北部是与校园区衔接的过渡空间，南部是与城市衔接的涉外广场，2000 座剧场兼顾内外使用，各建筑单体通过廊道将室外中心广场景观逐步引入，形成室外与室内的共生空间。同时在各条控制轴线的起始都做了重点处理，如同中国传统建筑的影壁墙，使得内部广场似开似合，南北两面通透，但主次有序。空间不仅富有弹性变化，而且生动有趣，与周围环境达到很好的和谐。

综合教学楼的内部空间设计为中心广场，沟通综合教学楼东西、南北四面，同时也是综合教学楼内外疏散的中心。北侧为综合教室群主入口，主要为教学服务；南侧为学校主入口，考虑对外服务，主要包括对外交流、演出等活动。

教学中心的总平面图、效果图、分析图如图 6-16、图 6-17、图 6-18 所示。参见彩图 33。

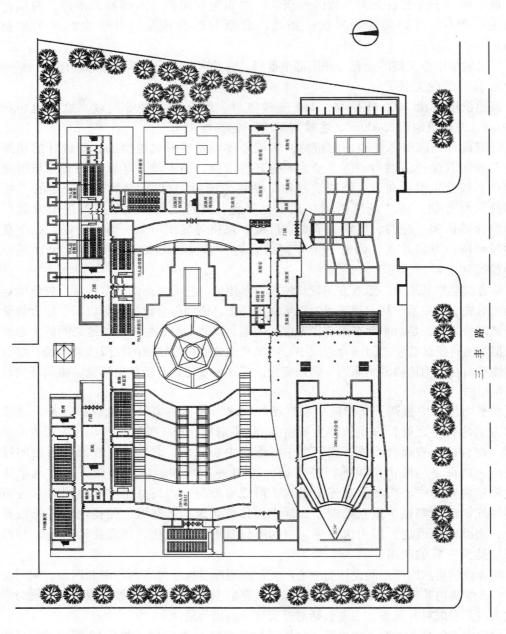

图6-16 教学中心总平面图

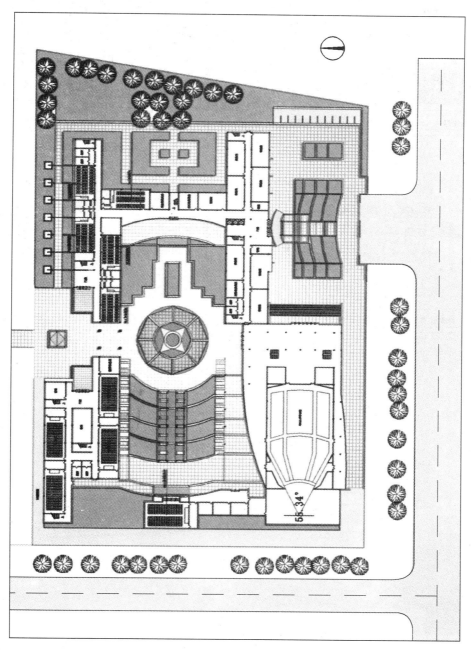

图6-17 教学中心效果图

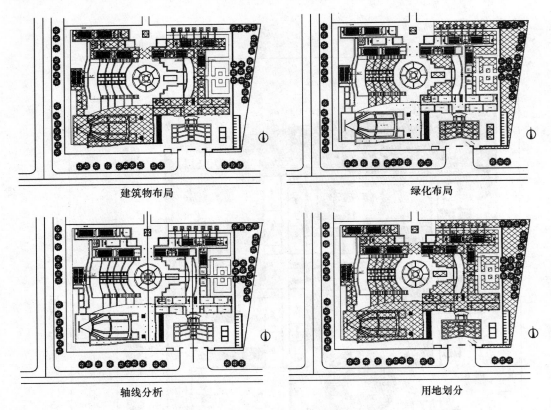

建筑物布局　　　　　　　　　　　　　绿化布局

轴线分析　　　　　　　　　　　　　　用地划分

图 6-18　教学中心分析图

附录一 中华人民共和国注册建筑师条例

第一章 总 则

第一条 为了加强对注册建筑师的管理，提高建筑设计质量与水平，保障公民生命和财产安全，维护社会公共利益，制定本条例。

第二条 本条例所称注册建筑师，是指依法取得注册建筑师证书并从事房屋建筑设计及相关业务的人员。

注册建筑师分为一级注册建筑师和二级注册建筑师。

第三条 注册建筑师的考试、注册和执业，适用本条例。

第四条 国务院建设行政主管部门、人事行政主管部门和省、自治区、直辖市人民政府建设行政主管部门、人事行政主管部门依照本条例的规定对注册建筑师的考试、注册和执业实施指导和监督。

第五条 全国注册建筑师管理委员会和省、自治区、直辖市注册建筑师管理委员会，依照本条例的规定负责注册建筑师的考试和注册的具体工作。

全国注册建筑师管理委员会由国务院建设行政主管部门、人事行政主管部门、其他有关行政主管部门的代表和建筑设计专家组成。

省、自治区、直辖市注册建筑师管理委员会由省、自治区、直辖市建设行政主管部门、人事行政主管部门、其他有关行政主管部门的代表和建筑设计专家组成。

第六条 注册建筑师可以组建注册建筑师协会，维护会员的合法权益。

第二章 考试和注册

第七条 国家实行注册建筑师全国统一考试制度。注册建筑师全国统一考试办法，由国务院建设行政主管部门会同国务院人事行政主管部门商国务院其他有关行政主管部门共同制定，由全国注册建筑师管理委员会组织实施。

第八条 符合下列条件之一的，可以申请参加一级注册建筑师考试：

（一）取得建筑学硕士以上学位或者相近专业工学博士学位，并从事建筑设计或者相关业务2年以上的；

（二）取得建筑学学士学位或者相近专业工学硕士学位，并从事建筑设计或者相关业务3年以上的；

（三）具有建筑学专业大学本科毕业学历并从事建筑设计或者相关业务5年以上的，或者具有建筑学相近专业大学本科毕业学历并从事建筑设计或者相关业务7年以上的；

（四）取得高级工程师技术职称并从事建筑设计或者相关业务3年以上的，或者取得工程师技术职称并从事建筑设计或者相关业务5年以上的；

（五）不具有前四项规定的条件，但设计成绩突出，经全国注册建筑师管理委员会认定达到前四项规定的专业水平的。

第九条 符合下列条件之一的，可以申请参加二级注册建筑师考试：

（一）具有建筑学或者相近专业大学本科毕业以上学历，从事建筑设计或者相关业务 2 年以上的；

（二）具有建筑设计技术专业或者相近专业大专毕业以上学历，并从事建筑设计或者相关业务 3 年以上的；

（三）具有建筑设计技术专业 4 年制中专毕业学历，并从事建筑设计或者相关业务 5 年以上的；

（四）具有建筑设计技术相近专业中专毕业学历，并从事建筑设计或者相关业务 7 年以上的；

（五）取得助理工程师以上技术职称，并从事建筑设计或者相关业务 3 年以上的。

第十条　本条例施行前已取得高级、中级技术职称的建筑设计人员，经所在单位推荐，可以按照注册建筑师全国统一考试办法的规定，免予部分科目的考试。

第十一条　注册建筑师考试合格，取得相应的注册建筑师资格的，可以申请注册。

第十二条　一级注册建筑师的注册，由全国注册建筑师管理委员会负责；二级注册建筑师的注册，由省、自治区、直辖市注册建筑师管理委员会负责。

第十三条　有下列情形之一的，不予注册：

（一）不具有完全民事行为能力的；

（二）因受刑事处罚，自刑罚执行完毕之日起至申请注册之日止不满 5 年的；

（三）因在建筑设计或者相关业务中犯有错误受行政处罚或者撤职以上行政处分，自处罚、处分决定之日起至申请注册之日止不满 2 年的；

（四）受吊销注册建筑师证书的行政处罚，自处罚决定之日起至申请注册之日止不满 5 年的；

（五）有国务院规定不予注册的其他情形的。

第十四条　全国注册建筑师管理委员会和省、自治区、直辖市注册建筑师管理委员会依照本条例第十三条的规定，决定不予注册的，应当自决定之日起 15 日内书面通知申请人；申请人有异议的，可以自收到通知之日起 15 日内向国务院建设行政主管部门或者省、自治区、直辖市人民政府建设行政主管部门申请复议。

第十五条　全国注册建筑师管理委员会应当将准予注册的一级注册建筑师名单报国务院建设行政主管部门备案；省、自治区、直辖市注册建筑师管理委员会应当将准予注册的二级注册建筑师名单报省、自治区、直辖市人民政府建设行政主管部门备案。

国务院建设行政主管部门或者省、自治区、直辖市人民政府建设行政主管部门发现有关注册建筑师管理委员会的注册不符合本条例规定的，应当通知有关注册建筑师管理委员会撤销注册，收回注册建筑师证书。

第十六条　准予注册的申请人，分别由全国注册建筑师管理委员会和省、自治区、直辖市注册建筑师管理委员会核发由国务院建设行政主管部门统一制作的一级注册建筑师证书或者二级注册建筑师证书。

第十七条　注册建筑师注册的有效期为 2 年。有效期届满需要继续注册的，应当在期满前 30 日内办理注册手续。

第十八条　已取得注册建筑师证书的人员，除本条例第十五条第二款规定的情形外，注册后有下列情形之一的，由准予注册的全国注册建筑师管理委员会或者省、自治区、直辖市注册建筑师管理委员会撤销注册，收回注册建筑师证书：

（一）完全丧失民事行为能力的；

（二）受刑事处罚的；

（三）因在建筑设计或者相关业务中犯有错误，受到行政处罚或者撤职以上行政处分的；

（四）自行停止注册建筑师业务满2年的。

被撤销注册的当事人对撤销注册、收回注册建筑师证书有异议的，可以自接到撤销注册、收回注册建筑师证书的通知之日起15日内向国务院建设行政主管部门或者省、自治区、直辖市人民政府建设行政主管部门申请复议。

第十九条 被撤销注册的人员可以依照本条例的规定重新注册。

第三章 执 业

第二十条 注册建筑师的执业范围：

（一）建筑设计；

（二）建筑设计技术咨询；

（三）建筑物调查与鉴定；

（四）对本人主持设计的项目进行施工指导和监督；

（五）国务院建设行政主管部门规定的其他业务。

第二十一条 注册建筑师执行业务，应当加入建筑设计单位。

建筑设计单位的资质等级及其业务范围，由国务院建设行政主管部门规定。

第二十二条 一级注册建筑师的执业范围不受建筑规模和工程复杂程度的限制。二级注册建筑师的执业范围不得超越国家规定的建筑规模和工程复杂程度。

第二十三条 注册建筑师执行业务，由建筑设计单位统一接受委托并统一收费。

第二十四条 因设计质量造成的经济损失，由建筑设计单位承担赔偿责任；建筑设计单位有权向签字的注册建筑师追偿。

第四章 权利和义务

第二十五条 注册建筑师有权以注册建筑师的名义执行注册建筑师业务。

非注册建筑师不得以注册建筑师的名义执行注册建筑师业务。二级注册建筑师不得以一级注册建筑师的名义执行业务，也不得超越国家规定的二级注册建筑师的执业范围执行业务。

第二十六条 国家规定的一定跨度、跨径和高度以上的房屋建筑，应当由注册建筑师进行设计。

第二十七条 任何单位和个人修改注册建筑师的设计图纸，应当征得该注册建筑师同意；但是，因特殊情况不能征得该注册建筑师同意的除外。

第二十八条 注册建筑师应当履行下列义务：

（一）遵守法律、法规和职业道德，维护社会公共利益；

（二）保证建筑设计的质量，并在其负责的设计图纸上签字；

（三）保守在执业中知悉的单位和个人的秘密；

（四）不得同时受聘于两个以上建筑设计单位执行业务；

（五）不得准许他人以本人名义执行业务。

第五章　法律责任

第二十九条　以不正当手段取得注册建筑师考试合格资格或者注册建筑师证书的，由全国注册建筑师管理委员会或者省、自治区、直辖市注册建筑师管理委员会取消考试合格资格或者吊销注册建筑师证书；对负有直接责任的主管人员和其他直接责任人员，依法给予行政处分。

第三十条　未经注册擅自以注册建筑师名义从事注册建筑师业务的，由县级以上人民政府建设行政主管部门责令停止违法活动，没收违法所得，并可以处以违法所得5倍以下的罚款；造成损失的，应当承担赔偿责任。

第三十一条　注册建筑师违反本条例规定，有下列行为之一的，由县级以上人民政府建设行政主管部门责令停止违法活动，没收违法所得，并可以处以违法所得5倍以下的罚款；情节严重的，可以责令停止执行业务或者由全国注册建筑师管理委员会或者省、自治区、直辖市注册建筑师管理委员会吊销注册建筑师证书：

（一）以个人名义承接注册建筑师业务、收取费用的；

（二）同时受聘于两个以上建筑设计单位执行业务的；

（三）在建筑设计或者相关业务中侵犯他人合法权益的；

（四）准许他人以本人名义执行业务的；

（五）二级注册建筑师以一级注册建筑师的名义执行业务或者超越国家规定的执业范围执行业务的。

第三十二条　因建筑设计质量不合格发生重大责任事故，造成重大损失的，对该建筑设计负有直接责任的注册建筑师，由县级以上人民政府建设行政主管部门责令停止执行业务；情节严重的，由全国注册建筑师管理委员会或者省、自治区、直辖市注册建筑师管理委员会吊销注册建筑师证书。

第三十三条　违反本条例规定，未经注册建筑师同意擅自修改其设计图纸的，由县级以上人民政府建设行政主管部门责令纠正；造成损失的，应当承担赔偿责任。

第三十四条　违反本条例规定，构成犯罪的，依法追究刑事责任。

第六章　附　　则

第三十五条　本条例所称建筑设计单位，包括专门从事建筑设计的工程设计单位和其他从事建筑设计的工程设计单位。

第三十六条　外国人申请参加中国注册建筑师全国统一考试和注册以及外国建筑师申请在中国境内执行注册建筑师业务，按照对等原则办理。

第三十七条　本条例自发布之日起施行。

附录二 中华人民共和国注册建筑师条例实施细则

第一章 总 则

第一条 根据《中华人民共和国注册建筑师条例》（以下简称条例）规定，制定本细则。

第二条 条例第二条所称注册建筑师是指依法注册，获得《中华人民共和国一级注册建筑师证书》或《中华人民共和国二级注册建筑师证书》，在一个建筑设计单位内执行注册建筑师业务的人员。

第三条 条例第二条所称房屋建筑设计是指为人类生活与生产服务的各种民用与工业房屋及其群体的综合性设计。

条例第二条所称相关业务是指规划设计、室内外环境设计、建筑装饰装修设计、古建筑修复、建筑雕塑、有特殊建筑要求的构筑物的设计，以及建筑设计技术咨询、建筑物调查与鉴定、对本人主持设计的项目进行施工指导和监督等。

第四条 国务院建设行政主管部门、人事行政主管部门对注册建筑师考试、注册和执业实施指导、监督的职责是：

（一）制定有关注册建筑师教育、考试、注册和执业等方面的规章与政策；

（二）检查监督注册建筑师教育、考试、注册、执业等方面的工作；

（三）按照对等原则，批准与外国及港、澳、台地区注册建筑师资格的确认，以及注册建筑师注册、执业的许可；

（四）对与注册建筑师相关的其他工作进行指导和监督。

第五条 省、自治区、直辖市建设行政主管部门、人事行政主管部门对注册建筑师考试、注册和执业实施指导、监督的职责是：

（一）执行国家有关注册建筑师教育、考试、注册和执业等方面的法规政策；

（二）根据国家有关法规政策，制定本行政区域内二级注册建筑师教育、考试、注册和执业等方面的实施办法；

（三）检查监督本行政区域内二级注册建筑师教育、考试、注册、执业等方面的工作；

（四）对本行政区域内与二级注册建筑师相关的其他工作进行指导和监督。

第六条 全国注册建筑师管理委员会的职责是：

（一）协助国务院建设行政主管部门、人事行政主管部门制定全国注册建筑师教育、考试、注册和执业等方面的规章、政策，并贯彻执行；

（二）制定颁布注册建筑师教育标准、职业实务训练标准、考试标准和继续教育标准；

（三）定期公告注册建筑师考试信息和考试结果，按注册年度，公布全国注册建筑师名录；

（四）负责全国注册建筑师考试工作，建立注册建筑师考试试题库，审定试题，确定评分标准；

（五）受国务院建设行政主管部门、人事行政主管部门委托，负责核发、管理下列证书和印章：

1. 由国务院人事行政主管部门统一制作的《中华人民共和国一级注册建筑师执业资格考试合格证书》；

2. 由国务院建设行政主管部门统一制作的《中华人民共和国一级注册建筑师证书》；

3. 由全国注册建筑师管理委员会统一制作的《中华人民共和国一级注册建筑师执业专用章》；

（六）负责一级注册建筑师的教育、职业实务训练、考试、注册、继续教育、执业等方面的管理工作；

（七）检查、监督一级注册建筑师的执业行为；

（八）负责与外国及港、澳、台地区注册建筑师机构的联络工作；

（九）负责与外国及港、澳、台地区注册建筑师资格相互确认，以及注册建筑师注册、执业对等许可的审核与管理等具体工作；

（十）负责与注册建筑师管理相关的其他工作。

第七条　省、自治区、直辖市注册建筑师管理委员会的职责是：

（一）贯彻执行国家有关注册建筑师教育、考试、注册和执业等方面的法规政策；

（二）协助省、自治区、直辖市建设行政主管部门、人事行政主管部门制定本行政区域内二级注册建筑师教育、考试、注册和执业等方面的实施办法，并贯彻执行；

（三）受国务院建设行政主管部门、人事行政主管部门和全国注册建筑师管理委员会委托，负责核发、管理下列证书和印章：

1. 由国务院人事行政主管部门统一制作的《中华人民共和国二级注册建筑师执业资格考试合格证书》；

2. 由国务院建设行政主管部门统一制作的《中华人民共和国二级注册建筑师证书》；

3. 由各省、自治区、直辖市注册建筑师管理委员会按全国注册建筑师管理委员会统一要求制作的《中华人民共和国二级注册建筑师执业专用章》；

（四）受全国注册建筑师管理委员会委托，负责本行政区域内申请一级注册建筑师考试报名资格的审查和一级注册建筑师全国考试的考务工作；

（五）负责本行政区域内二级注册建筑师教育、职业实务训练、考试、注册、继续教育、执业等方面的管理工作；

（六）检查、监督本行政区域内二级注册建筑师的执业行为；

（七）负责本行政区域内与二级注册建筑师管理相关的其他工作。

第八条　全国注册建筑师管理委员会和省、自治区、直辖市注册建筑师管理委员会委员实行聘任制，分别由国务院建设行政主管部门或省、自治区、直辖市建设行政主管部门商人事行政主管部门聘任，每届任期三年。换届时，上届委员留任比例原则上不超过委员总人数的二分之一。

全国注册建筑师管理委员会由国务院建设行政主管部门、人事行政主管部门、其他有关行政主管部门的代表和建筑设计专家十九至二十一人组成，设主任委员一名、副主任委员若干名。其办事机构为全国注册建筑师管理委员会秘书处。

省、自治区、直辖市注册建筑师管理委员会由省、自治区、直辖市建设行政主管部门、人事行政主管部门、其他有关行政主管部门的代表和建筑设计专家十一至十三人组成，设主任委员一名、副主任委员若干名。省、自治区、直辖市注册建筑师管理委员会应设立相应的办事机构，负责处理日常事务。

第九条 全国和省、自治区、直辖市注册建筑师管理委员会内分别设立监督委员会，按管理权限对一级或二级注册建筑师在执业中的违纪或违法行为进行调查核实，按条例规定配合行政机关或独立实施行政处罚。

第十条 注册建筑师协会是由注册建筑师组成的社会团体。其主要职责是：

（一）贯彻实施国家有关注册建筑师的法规政策；

（二）制定注册建筑师执业道德规范，监督会员遵守；

（三）对注册建筑师教育、职业实务训练、考试、注册、继续教育和执业等工作提出意见和建议；

（四）支持会员依法履行注册建筑师职责，维护会员的合法权益；

（五）承担建设行政主管部门和注册建筑师管理委员会委托的有关注册建筑师方面的工作；

（六）开展注册建筑师社会团体间的国际交流与合作。

第二章 考 试

第十一条 注册建筑师考试分为一级注册建筑师考试和二级注册建筑师考试。注册建筑师考试实行全国统一考试，原则上每年进行一次，由全国注册建筑师管理委员会统一部署，省、自治区、直辖市注册建筑师管理委员会组织实施。

第十二条 一级注册建筑师考试内容包括：建筑设计前期工作、场地设计、建筑设计与表达、建筑结构、环境控制、建筑设备、建筑材料与构造、建筑经济、施工与设计业务管理、建筑法规等。考题由上述内容分成若干科目组成。科目考试合格有效期为五年。

二级注册建筑师考试内容包括：场地设计、建筑设计与表达、建筑结构与设备、建筑法规、建筑经济与施工等。考题由上述内容分成若干科目组成。科目考试合格有效期为二年。

第十三条 条例第八条（一）、（二）、（三），第九条（一）所称相近专业，是指大学本科以上建筑学的相近专业，包括城市规划和建筑工程专业。

条例第九条（二）所称相近专业，是指大学专科建筑设计的相近专业，包括城乡规划、房屋建筑工程、风景园林和建筑装饰技术专业。

条例第九条（四）所称相近专业，是指中等专科学校建筑设计技术的相近专业，包括工业与民用建筑、建筑装饰、城镇规划和村镇建设专业。

条例第八条（一）、（二）、（三）、（四）和条例第九条（一）、（二）、（三）、

（四）、（五）所称相关业务，与本实施细则第三条第二款的内容相同。

　　条例第八条（五）所称设计成绩突出，是指获得全国优秀工程设计铜质奖（建筑）以上奖励。

　　第十四条　凡参加注册建筑师考试者，由本人提出申请，经所在建筑设计单位审查同意后，统一向省、自治区、直辖市注册建筑师管理委员会报名。经省、自治区、直辖市注册建筑师管理委员会审查，符合条例第八条或第九条规定，方可准予参加考试。

　　第十五条　申请参加注册建筑师考试者，应当按规定向省、自治区、直辖市注册建筑师管理委员会交纳报名费和考务费。报名费和考务费由申请者个人支付，在报名时一并交纳。经审查不符合考试条件，不准参加考试的，退回考务费。

　　第十六条　经一级注册建筑师考试，全部科目在有效期内考试合格，由全国注册建筑师管理委员会核发《中华人民共和国一级注册建筑师执业资格考试合格证书》。

　　经二级注册建筑师考试，全部科目在有效期内考试合格，由省、自治区、直辖市注册建筑师管理委员会核发《中华人民共和国二级注册建筑师执业资格考试合格证书》。

　　第十七条　持有有效的注册建筑师执业资格考试合格证书者，即具有申请注册建筑师注册的资格，可称为具有注册建筑师资格者，未经注册，不得称为注册建筑师，不得执行注册建筑师业务。

　　第十八条　注册建筑师执业资格考试合格证书持有者，自证书签发之日起，五年内未经注册，且未达到继续教育标准的，其证书失效。

　　按条例第二十九条规定，被取消注册建筑师执业考试合格资格者，其证书失效。

第三章　注　　册

　　第十九条　具有注册建筑师资格者，可申请注册。申请注册，须提交下列材料：

　　（一）注册建筑师注册申请表（见附件）；

　　（二）申请人的注册建筑师执业资格考试合格证书原件，证件自签发之日起超过五年的，应附达到继续教育标准的证明材料；

　　（三）聘用单位出具的受聘人员申请注册报告；

　　（四）聘用单位出具的受聘人员的聘用合同；

　　（五）聘用单位出具的申请人遵守国家法律和职业道德，以及工作业绩的证明材料，该证明材料由申请人自提出申请之日前，最后一个服务期满二年以上的建筑设计单位出具，方为有效；

　　（六）县级或县级以上医院出具的能坚持正常工作的体检证明。

　　第二十条　具有注册建筑师资格者申请注册，按下列程序办理：

　　（一）申请人向聘用单位提交申请报告、填写注册建筑师注册申请表；

　　（二）聘用单位审核同意签字盖章后，连同本实施细则第十九条规定的其他材料一并上报有关部门；

　　（三）申请一级注册建筑师注册的有关材料，按隶属关系分别报国务院有关负责勘察设计工作的部门或省、自治区、直辖市注册建筑师管理委员会进行汇总，并签署意见后，送交全国注册建筑师管理委员会审核；

（四）申请二级注册建筑师注册的有关材料报地、市建设行政主管部门进行汇总，并签署意见后，送交省、自治区、直辖市注册建筑师管理委员会审核；

（五）注册建筑师管理委员会审核认定，该申请注册者，无条例第十三条规定的不予注册的情形，即可为其办理注册手续。

第二十一条　全国注册建筑师管理委员会，对批准注册的一级注册建筑师核发《中华人民共和国一级注册建筑师证书》和《中华人民共和国一级注册建筑师执业专用章》。

省、自治区、直辖市注册建筑师管理委员会，对批准注册的二级注册建筑师核发《中华人民共和国二级注册建筑师证书》和《中华人民共和国二级注册建筑师执业专用章》。

第二十二条　《中华人民共和国一级注册建筑师证书》、《中华人民共和国一级注册建筑师执业专用章》和《中华人民共和国二级注册建筑师证书》、《中华人民共和国二级注册建筑师执业专用章》全国通用。注册建筑师受其执业的建筑设计单位委派，可以在中华人民共和国境内任何地方依法执行注册建筑师业务，不需要异地再次办理注册手续。

第二十三条　与注册建筑师证书或执业专用章有关的内容发生变化时，应及时申请换发新的注册建筑师证书和执业专用章。

第二十四条　注册建筑师注册的有效期为二年。有效期届满需要继续注册的，由聘用单位于期满前三十日内，办理继续注册手续。继续注册应提交下列材料：

（一）申请人注册期内的工作业绩和遵纪守法简况；

（二）申请人注册期内达到继续教育标准的证明材料；

（三）县级或县级以上医院出具的能坚持正常工作的体检证明。

第二十五条　继续注册按下列程序办理：

（一）申请人向聘用单位提交申请报告；

（二）聘用单位审核同意签字盖章后，连同本实施细则第二十四条规定的其他材料一并上报原批准注册的注册建筑师管理委员会；

（三）注册建筑师管理委员会收到上述材料，并审核认定该注册建筑师无条例第十三条规定的不予注册的情形，即可为其办理继续注册手续。

第二十六条　注册建筑师调离所在单位，由所在单位负责收回注册建筑师证书和执业专用章，并在解聘日后的三十日内，交回注册建筑师管理委员会核销。

第二十七条　注册建筑师离退休后，若需继续执行注册建筑师业务，应首先接受原单位返聘，其注册建筑师证书和执业专用章继续有效。原单位不再返聘，应负责收回其注册建筑师证书和执业专用章，并在离退休之日后的三十日内，交回注册建筑师管理委员会核销。

第二十八条　注册建筑师有条例第十八条规定的情形时，应及时撤销注册。撤销注册，按下列程序办理：

（一）聘用单位、当地建设行政主管部门、注册建筑师协会，或有关单位及个人提出建议；

（二）原批准其注册的注册建筑师管理委员会的监督委员会对事实进行调查核实；

（三）原批准其注册的注册建筑师管理委员会批准撤销注册，收回并核销注册建筑师证书和专用章。

第二十九条 注册建筑师自被收回注册建筑师证书和执业专用章之日起，不得继续执行注册建筑师业务，不再称为注册建筑师。

依照条例的规定，注册建筑师被撤销注册后，可以重新注册。

第三十条 注册建筑师因工作单位变更或撤销注册等原因，间断在原注册时所在的建筑设计单位执业后，如被其他建筑设计单位聘用，需重新办理注册手续。重新注册按照本实施细则第十九条和第二十条的规定办理。

第三十一条 高等学校（院）从事建筑专业教学并具有注册建筑师资格的人员，只能受聘于本校（院）所属建筑设计单位从事建筑设计，不得受聘于其他建筑设计单位。在受聘于本校（院）所属建筑设计单位工作期间，允许申请注册。获准注册的人员，在本校（院）所属建筑设计单位连续工作不得少于两年。准予注册的人数不得超过本校（院）从事建筑专业教学并具有注册建筑师资格的总人数的百分之四十。具体办法由国务院建设行政主管部门商教育行政主管部门另行制定。

第三十二条 建筑设计单位或全国及省、自治区、直辖市注册建筑师管理委员会，不得对有注册建筑师资格，且符合条例和实施细则规定者不予办理注册手续；也不得对不符合条例和实施细则规定者办理注册手续。

建筑设计单位或全国及省、自治区、直辖市注册建筑师管理委员会，不得对应撤销注册的注册建筑师，不予办理撤销注册手续；也不得对不应撤销注册者办理撤销注册手续。

第三十三条 全国注册建筑师管理委员会应当将准予注册和撤销注册的一级注册建筑师名单报国务院建设行政主管部门备案。省、自治区、直辖市注册建筑师管理委员会应当将准予注册和撤销注册的二级注册建筑师名单报省、自治区、直辖市建设行政主管部门及全国注册建筑师管理委员会备案。

第三十四条 注册建筑师必须向注册建筑师管理委员会缴纳注册管理费。一级注册建筑师向全国注册建筑师管理委员会缴纳；二级注册建筑师向省、自治区、直辖市注册建筑师管理委员会缴纳（其中百分之十上交全国注册建筑师管理委员会）。注册管理费用于注册建筑师管理委员会及其办事机构的工作支出。

第四章 执 业

第三十五条 条例第二十条（一）所称建筑设计是指：

（一）房屋建筑设计；

（二）除条例的第二十条（二）、（三）、（四）外的房屋建筑设计的其他相关业务。

第三十六条 一级注册建筑师的建筑设计范围不受建筑规模和工程复杂程度的限制。二级注册建筑师的建筑设计范围只限于承担国家规定的民用建筑工程等级分级标准三级（含三级）以下项目。五级（含五级）以下项目允许非注册建筑师进行设计。

注册建筑师的执业范围不得超越其所在建筑设计单位的业务范围。注册建筑师的执业范围与其所在建筑设计单位的业务范围不符时，个人执业范围服从单位的业务范围。

第三十七条 建筑设计单位承担民用建筑设计项目，须由注册建筑师任项目设计经理（工程设计主持人或设计总负责人）；承担工业建筑设计项目，须由注册建筑师任建筑专业负责人。

第三十八条 《中华人民共和国一级注册建筑师证书》、《中华人民共和国一级注册建筑师执业专用章》和《中华人民共和国二级注册建筑师证书》、《中华人民共和国二级注册建筑师执业专用章》是注册建筑师的执业证明，只限本人使用，不得转借、转让、仿制、涂改。

第三十九条 凡属国家规定的民用建筑工程等级分级标准四级（含四级）以上项目，在建筑工程设计的主要文件（图纸）中，除应注明设计单位资格和加盖单位公章外，还必须在建筑设计图的右下角，由主持该项设计的注册建筑师签字并加盖其执业专用章，方为有效。否则设计审查部门不予审查，建设单位不得报建，施工单位不准施工。

第四十条 注册建筑师只能在自己任项目设计经理（工程设计主持人、设计总负责人，工业建筑设计为建筑专业负责人）的设计文件（图纸）中签字盖章；不得在他人任项目设计经理（工程设计主持人、设计总负责人，工业建筑设计为建筑专业负责人）的设计文件（图纸）中签字盖章，也不得为他人设计的文件（图纸）签字盖章。

第四十一条 本实施细则施行后，凡没有相应级别的注册建筑师的建筑设计单位，1998 年 12 月 31 日前，允许与有注册建筑师的建筑设计单位签订合同，聘请相应级别的注册建筑师代审、代签建筑设计图。1999 年 1 月 1 日后仍没有相应级别的注册建筑师的建筑设计单位，将按规定降低或撤销其建筑设计资格。具体办法由国务院建设行政主管部门另行制定。

第四十二条 经注册建筑师签字并加盖执业专用章的设计文件（图纸），如需要修改设计，必须征得原签字盖章的注册建筑师同意，并由该注册建筑师执业的建筑设计单位出具经注册建筑师签字盖章的设计变更手续，方可修改设计。

如遇特殊情况，修改设计时无法征得原签字盖章的注册建筑师同意，可由该注册建筑师执业的建筑设计单位委派本单位具有相应资格的注册建筑师代行签字盖章。

第四十三条 注册建筑师只能受聘于一个建筑设计单位执行业务。建筑设计单位聘用注册建筑师必须依据有关法律、法规签订聘任合同。注册建筑师在聘任期内需要调离时，也必须依据有关法律、法规解除聘任合同。

第四十四条 注册建筑师按照国家规定执行注册建筑师业务，受国家法律保护。任何单位和个人不得无理阻挠注册建筑师依法执行注册建筑师业务。

第五章　附　　则

第四十五条 外国及港、澳、台地区人员申请参加中国注册建筑师全国统一考试和注册，按照对等原则办理。与中国尚未实现注册建筑师资格对等确认，以及注册建筑师注册、执业对等许可的国家及港、澳、台地区的注册建筑师或设计机构与中国设计机构合资、合营、合作承担中国建筑工程设计任务时，由中国注册建筑师执行注册建筑师业务。

第四十六条　本实施细则由国务院建设行政主管部门负责解释。

第四十七条　本实施细则自一九九六年十月一日起施行。

附录三　全国一级注册建筑师资格考试
规范、标准及主要参考书目

一、设计前期与场地设计（知识题，使用最新标准和规范）

1.《中国建设项目环境保护设计规定》；

2.《民用建筑设计通则》；

3.《城市居住区规划设计规范》；

4.《城市道路交通规划设计规范》；

5.《建筑设计资料集》（第二版）有关章节；

6.《建筑与规划》，余庆康编著，中国建筑工业出版社，1995年11月。其中：第4章选址和用地；

7. 其他有关建筑防火、抗震、防洪、气象、制图标准等规范；

8. 国家规范有关总平面设计部分。

二、建筑设计（知识题）

1. 建筑构图有关原理；

2.《公共建筑设计原理》，张文忠主编（第二版），中国建筑工业出版社；

3.《住宅建筑设计原理》，朱昌廉主编，中国建筑工业出版社；

4.《建筑设计资料集》（第二版）民用建筑设计有关内容，中国建筑工业出版社；

5.《建筑工程设计文件编制深度的规定》等有关文件；

6.《中国古代建筑史》，刘敦桢主编，中国建筑工业出版社；

7.《外国建筑史》（十九世纪以前），陈志华著，中国建筑工业出版社；

8.《外国近现代建筑史》，清华大学等编著，中国建筑工业出版社；

9.《中国建筑史》，潘谷西主编，中国建筑史编写组，中国建筑工业出版社；

10.《城市规划原理》，李德华主编（第二版），中国建筑工业出版社；

11.《生态可持续建筑》，夏葵，施燕编著，中国建筑工业出版社；

12.《环境心理学》，林玉莲，胡正凡编著，中国建筑工业出版社；

13. 各类民用建筑设计标准及规范。

三、建筑结构

（一）高等院校教材（供建筑学专业用者）

1.《建筑力学》第一分册：理论力学（静力学部分），重庆建筑工程学院编，高等教育出版社；

2. 第二分册：材料力学（杆件的压缩、拉伸、剪切、扭转和弯曲的基本知识），于兴瑜，秦惠民编，高等教育出版社；

3. 第三分册：结构力学（静定部分），湖南大学编，高等教育出版社；

4. 《建筑抗震设计》，高等教育出版社；

5. 《钢结构》，黎钟，高云虹编，高等教育出版社；

6. 《建筑地基基础》，郭继武编，高等教育出版社；

7. 《混凝土结构与砌体结构》，郭继武编，高等教育出版社。

（二）有关规范、标准

建筑结构荷载规范、砌体结构设计规范、木结构设计规范、钢结构设计规范、混凝土结构设计规范、建筑地基基础设计规范、建筑抗震设计规范、钢筋混凝土高层建筑结构设计与施工规程、建筑结构制图标准等规范、标准中属于建筑师应知应会的内容。

四、建筑物理与建筑设备（使用最新标准和规范）

（一）建筑物理

1. 《建筑物理》（第三版），高等学校建筑学、城市规划专业系列教材，西安科技大学刘加平主编，中国建筑工业出版社，2000 年 12 月；

2. 《建筑设计资料集》（第二版）2. （8、9、10），中国建筑工业出版社，1994 年；

3. 《民用建筑节能设计标准》（采暖居住建筑部分），中国建筑科学研究院主编，中国建筑工业出版社；

4. 《夏热冬冷地区居住建筑节能设计标准》，中国建筑科学研究院主编，中国建筑工业出版社；

5. 《民用建筑热工设计规范》，中国建筑科学研究院主编，中国建筑工业出版社；

6. 《建筑采光设计标准》，中国建筑科学研究院主编，中国建筑工业出版社；

7. 《民用建筑照明设计标准》，中国建筑科学研究院主编，中国计划出版社；

8. 《民用建筑隔声设计规范》，中国建筑科学研究院主编，中国计划出版社；

9. 《城市区域环境噪声标准》，国家环保局监测总站主编，中国环境科学出版社。

（二）建筑设备

1. 《建筑给水排水设计手册》，中国建筑工业出版社；

2. 《建筑给水排水设计规范》；

3. 《建筑设计防火规范》；

4. 《高层民用建筑设计防火规范》；

5. 《自动喷水灭火系统设计规范》；

6. 《采暖通风与空气调节设计规范》；

7. 《民用建筑热工设计规范》；

8. 《民用建筑节能设计标准》（采暖居住建筑部分）；

9. 《夏热冬冷地区居住建筑节能设计标准》；

10. 《锅炉房设计规范》；

11. 《城镇燃气设计规范》；

12. 《实用供热空调设计手册》，陆耀庆主编；

13. 《现代建筑电气技术资质考试问答》，电力出版社；

14. 《民用建筑电气设计规范》；

15. 《低压配电设计规范》；

16. 《10kV 及以下变电所设计规范》；

17. 《供配电系统设计规范》；

18. 《建筑物防雷设计规范》；

19. 《民用建筑照明设计标准》；

20. 《火灾自动报警系统设计规范》；

21. 《建筑与建筑群综合布线系统工程设计规范》。

五、建筑材料与构造

1. 高等院校教材，《建筑材料》，《建筑构造》；

2. 《实用建筑材料学》，王寿华，马芸芳，姚庭舟编，中国建筑工业出版社，1998 年；

3. 《建筑材料手册》第四版，陕西省建筑工业出版社编，中国建筑工业出版社；

4. 有关规定、规范：屋面、地面、楼面、防水、装饰、砌体、玻璃幕墙等工程施工及验收规范有关部分；

5. 《中国新型建筑材料集》，中国建筑工业出版社，1992 年。

六、建筑经济、施工与设计业务管理（使用最新标准和规范）

（一）建筑经济

1. 《一级注册建筑师资格考试手册》，全国注册建筑师管理委员会编；

2. 《建筑师技术经济与管理读本》，全国注册建筑师管理委员会组织编写；

3. 《建设项目经济评价方法与参数》（第二版），中国计划出版社出版；

4. 《概、预算定额》（土建部分）。

（二）建筑施工

1. 《砌体工程施工质量验收规范》；

2. 《混凝土结构工程施工质量验收规范》；

3. 《屋面工程质量验收规范》；

4. 《地下防水工程质量验收规范》；

5. 《建筑地面工程施工质量验收规范》；

6. 《建筑装饰装修工程施工质量验收规范》。

（三）设计业务管理及法律

1. 《中华人民共和国建筑法》（主席令第 91 号）；

2. 《中华人民共和国招标投标法》（主席令第 21 号）；

3. 《中华人民共和国城市房地产管理法》（主席令第 29 号）；

4. 《中华人民共和国合同法》（主席令第 15 号），总则第一章～第四章及第十六章（建筑工程合同）；

5. 《中华人民共和国城市规划法》（主席令第 23 号）。

（四）行政法规

1.《中华人民共和国注册建筑师条例》（国务院第 184 号令）；

2.《建设工程勘察设计管理条例》（国务院第 293 号令）；

3.《建设工程质量管理条例》（国务院第 279 号令）。

（五）部门规章

1.《中华人民共和国注册建筑师条例实施细则》（建设部第 52 号令）；

2.《实施工程建设强制性标准监督规定》（建设部第 81 号令）；

3.《工程建设若干违法违纪行为处罚办法》（建设部第 68 号令）；

4.《建筑工程设计招标投标管理办法》（建设部第 82 号令）；

5. 其他。

附录 3 补充说明

附录 3 为 2002 年全国注册建筑师管理委员会颁布的"全国一级注册建筑师资格考试大纲"中所附的关于考试规范、标准及主要参考书目的内容。自 2002 年大纲颁布之日起至 2006 年年底，建设部又陆续修订和新增了部分规范及标准，修订和新增的规范及标准部分名单如下：

1. 新增的规范及标准：

《住宅建筑规范》GB 50368—2005，2006 年 3 月 1 日；

《住宅设计规范》GB 50096—1999，2003 年版；

《老年人居住建筑设计标准》GB/T 50340—1999；

《城市规划制图标准》CJJ/T 97—2003；

《夏热冬暖地区居住建筑节能设计标准》JGJ 75—2003。

2. 新修订的规范及标准：

《城市居住区规划设计规范》GB 50180—93，2002 年版；

《建筑给水排水设计规范》GB 50015—2003；

《城镇燃气设计规范》GB 50028—93，2002 年版；

《木结构设计规范》GB 50005—2003；

《钢结构设计规范》GB 50017—2003；

《采暖通风与空气调节设计规范》GB 50019—2003；

《建筑照明设计标准》GB 50034—2004。

参 考 文 献

［1］　刘磊，蔡节编著．场地与建筑设计作图［M］．北京：中国建筑工业出版社，2005．

［2］　杨昌明，刘磊，蔡节编著．设计前期与场地设计［M］．北京：中国建筑工业出版社，2005．

［3］　［美］．托马斯·H·罗斯著．顾卫华译．场地规划与设计手册［M］．北京：机械工业出版社，2005．

［4］　建筑设计资料集编委会．建筑设计资料集（第二版）［M］．北京：中国建筑工业出版社，1994．

［5］　吴良镛编著．广义建筑学［M］．北京：清华大学出版社，1989．

［6］　［美］．约翰·O·西蒙兹著．俞孔坚，王志芳，孙鹏等译．景观设计学［M］．北京：中国建筑工业出版社，2000．

［7］　［美］．凯文·林奇著，项秉仁译．城市印象［M］．北京：中国建筑工业出版社，1990．

［8］　常怀生著．建筑环境心理学［M］．台北：田园城市文化事业有限公司，1995．

［9］　中国小康住宅示范工程集萃［M］．北京：中国建筑工业出版社，1997．

［10］　中国大百科全书编委会，建筑、园林、城市规划卷［M］．北京：中国大百科全书出版社，1988．

［11］　［日］芦原义信著．尹培桐译．外部空间设计［M］．北京：中国建筑工业出版社，1985．

［12］　同济大学编著．城市规划原理（第一版）［M］．北京：中国建筑工业出版社，1991．

再版后记

目前，场地设计在城市规划、城市设计、建筑设计中的地位还不太明确，虽然注册建筑师考试中关于设计前期及场地设计的内容不少，但更多是为了考试而考试，社会对场地设计的重视程度很低，开发商主要关心自身的收益，不愿意自掏腰包去做场地的前期论证，更不会顾及自己场地的开发对未来周围环境的影响，领导审批方案主要看单体效果图，设计者受自身利益的驱动对场地设计及项目建议书更是多一事不如少一事，很少有人关心城市整体环境品质的提升，后续的场地环境设计往往与建筑设计的初衷不符合，甚至是背道而驰。笔者作为一名建筑教育工作者及城市建设实践的从业者，对此感想颇深。所以，在中国建材出版社侯力学副总编的鼓励下，对此书进行了再版修订。

乘再版之际衷心感谢天津大学建筑设计研究院总建筑师王齐凯教授为本书作序，并对此书的关键文字、重要观点进行了亲笔修改。

感谢本书中实例的合作设计者，感谢所有为本书的编写做出贡献的同仁。

本书再版虽然积极吸取了场地设计研究和应用的最新成就，努力做到科学、实用，富有时代感，但是限于本人理论水平有限，材料掌握不足，又兼编写时间仓促，深感在观点、内容、实例、文字等诸多方面难免有所疏漏和错误，诚恳希望专家、学者、读者批评指正。

编者
2007 年 4 月